解 读 地 球 密 码

丛书主编　孔庆友

地 球 颤 抖

地 震

Earthquake
The Shake of the Earth

本书主编　李金镇　赵体群　陈志强

山东科学技术出版社
·济南·

图书在版编目（CIP）数据

地球颤抖——地震 / 李金镇，赵体群，陈志强主编 . -- 济南：山东科学技术出版社，2016.6（2023.4 重印）
（解读地球密码）
ISBN 978-7-5331-8346-2

Ⅰ .①地… Ⅱ .①李… ②赵… ③陈… Ⅲ .①地震 – 普及读物 Ⅳ .① P315.4-49

中国版本图书馆 CIP 数据核字（2016）第 141388 号

丛书主编 孔庆友
本书主编 李金镇 赵体群 陈志强

地球颤抖——地震
DIQIU CHANDOU——DIZHEN

责任编辑：梁天宏
装帧设计：魏 然

主管单位：山东出版传媒股份有限公司
出 版 者：山东科学技术出版社
地址：济南市市中区舜耕路 517 号
邮编：250003 电话：（0531）82098088
网址：www.lkj.com.cn
电子邮件：sdkj@sdcbcm.com
发 行 者：山东科学技术出版社
地址：济南市市中区舜耕路 517 号
邮编：250003 电话：（0531）82098067
印 刷 者：三河市嵩川印刷有限公司
地址：三河市杨庄镇肖庄子
邮编：065200 电话：（0316）3650395

规 格：16 开（185 mm×240 mm）
印 张：6.75 字数：122 千
版 次：2016 年 6 月第 1 版 印次：2023 年 4 月第 4 次印刷
定 价：35.00 元
审图号：GS（2017）1091 号

普及地质科学知识

提高民族科学素质

李延栋

2016年元月

传播地学知识，弘扬科学精神，
践行绿色发展观，为建设
美好地球村而努力。

翟裕生
2015年10月

贺　词

　　自然资源、自然环境、自然灾害，这些人类面临的重大课题都与地学密切相关，山东同仁编著的《解读地球密码》科普丛书以地学原理和地质事实科学、真实、通俗地回答了公众关心的问题。相信其出版对于普及地学知识，提高全民科学素质，具有重大意义，并将促进我国地学科普事业的发展。

国土资源部总工程师　

　　编辑出版《解读地球密码》科普丛书，举行业之力，集众家之言，解地球之理，展齐鲁之貌，结地学之果，蔚为大观，实为壮举，必将广布社会，流传长远。人类只有一个地球，只有认识地球、热爱地球，才能保护地球、珍惜地球，使人地合一、时空长存、宇宙永昌、乾坤安宁。

山东省国土资源厅副厅长　

编著者寄语

★ 地学是关于地球科学的学问。它是数、理、化、天、地、生、农、工、医九大学科之一，既是一门基础科学，也是一门应用科学。

★ 地球是我们的生存之地、衣食之源。地学与人类的生产生活和经济社会可持续发展紧密相连。

★ 以地学理论说清道理，以地质现象揭秘释惑，以地学领域广采博引，是本丛书最大的特色。

★ 普及地球科学知识，提高全民科学素质，突出科学性、知识性和趣味性，是编著者的应尽责任和共同愿望。

★ 本丛书参考了大量资料和网络信息，得到了诸作者、有关网站和单位的热情帮助和鼎力支持，在此一并表示由衷谢意！

科学指导

李廷栋　中国科学院院士、著名地质学家
翟裕生　中国科学院院士、著名矿床学家

编著委员会

目 录

CONTENTS

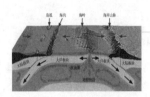

地震活动的空间规律/19

了解了地球基本的板块格局后，就能很好地理解为什么有些地区地震频繁，而有些地区基本没有地震了。地震频发的地区就形成了地震带，全球有三个主要地震带，几乎所有具有危害的地震都发生在这三个区域中。

地震活动的时间规律/23

地震除了发生地点有规律外，发生的时间也有一定的规律。了解地震活动的时间规律，对于我们防范地震灾害具有重要意义。

Part 3 全球地震巡礼

环太平洋地震带上的地震/28

全球的三条主要地震带中，最大最主要的一条就是环太平洋地震带，这里发生的地震不但震级大，而且多数震源深度小，加上这一区域的人口密度大，所以这一条带上的地震往往造成严重的灾害。

欧亚地震带上的地震/41

欧亚地震带是另一条主要地震带，这里发生的地震对人类造成的破坏仅次于环太平洋地震带的破坏，历史上发生过多次伤亡惨重的地震。

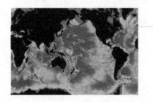

海岭地震带上的地震/46

海岭地震带是三大地震带之一，但由于海岭地震带远离人类生活的区域，发生的地震很少被记录下来，对人类的危害很小。

Part 4 中国地震扫描

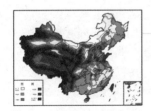

Part 5 防震减灾必备

地震的前兆/73

　　和很多自然现象一样，地震发生前也有一些"蛛丝马迹"，即为地震前兆。人们通过研究这些前兆，能在一定程度上对地震进行预报，获得宝贵的预警时间。但是，发生前兆并不意味着一定发生地震。一旦发现这些前兆，我们应该及时向有关机构汇报。

地震的预报/81

　　有关地震能否预报的争论已经持续了很长时间，到目前为止也没有定论。地震的预报仍处于初级阶段，预报效果具有很大的不确定性。尽管如此，相信随着科技水平的发展，终有一天我们将掌握地震的奥秘，及时有效地进行地震预报。

地震的防护/90

　　既然地震还无法有效预报，掌握地震防护知识就显得尤为重要，包括震前的预防、震中的保护和震后的救治等，争取最大限度地减轻地震带来的伤害。

地学知识窗

Part 1 地震知识解读

日常生活中，我们经常能从新闻中听到或看到有关地震的消息，很多人听到"地震"二字都会心头一颤，因为地震是一种破坏性极强的灾害，地震的发生往往预示着严重的人员伤亡和财产损失。那么，地震到底是什么，它又是怎么发生的呢？

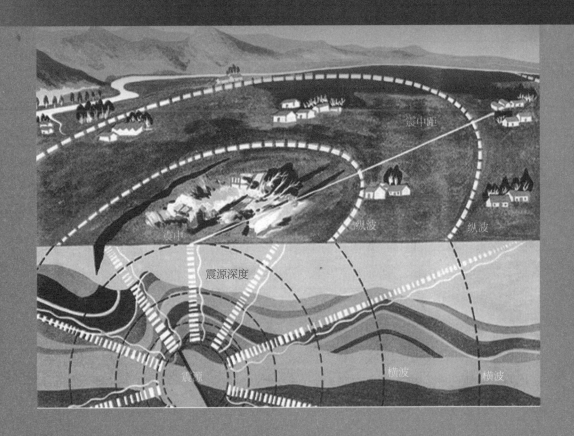

地震是一种自然现象，是我们脚下的地壳快速释放能量的过程中造成震动的自然现象，又称地动、地震动，以地震波的形式向外传播。地震是一种常见的自然现象，地球上每年发生大大小小的地震可达500万次。

与地震有关的基本概念

一、震源与震中

地震时直接产生破裂的地方称为震源，它是一个区域，但研究地震时常把它看成一个点。地面上正对着震源的那一点称为震中，它实际上也是一个区域。根据地震仪记录测定的震中称为微观震中，用经纬度表示；根据地震宏观调查所确定的震中称为宏观震中，它是极震区（震中附近破坏最严重的地区）的几何中心，也用经纬度表示。由于方法不同，宏观震中与微观震中往往并不重合。1900年以前没有仪器记录时，地震的震中位置都是按破坏范围而确定的宏观震中。

通过分布在不同地点的三个地震台站记录到的地震波的到达时间，可以确定地震震中的位置。

二、地震波

地震波是指从震源产生的向四周辐射的弹性波，我们感受到的摇动就是由地震波的能量产生的弹性岩石的震动。地震发生时，震源区的介质发生急速的破裂和运动，这种扰动构成一个波源。由于地球介质的连续性，这种波动就向地球内部及表层各处传播开去，形成了连续介质中的弹性波。

地震波按传播方式分为三种类型：纵波（图1-1、图1-2）、横波（图1-3、图1-4）和面波。纵波是推进波，在地壳中的传播速度为5.5~7千米/秒，最先到达震中，又称P波，它使地面发生上下震动，破坏性较弱。横波是剪切波，在地壳中的传播速度为3.2~4.0千米/秒，第二个到达震中，又称S波，它使地面发生前后、左右抖动，破坏性较强。面波又称L波，是由纵波与横波在地表相遇后激发产生的混合波，其波长大、振幅强，只能沿地壳表面传播，是造成建筑物强烈破坏的主要因素。地震波在地壳中的传播如图1-5所示。

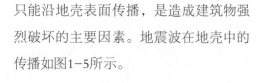

▲ 图1-1　弹簧产生的纵波

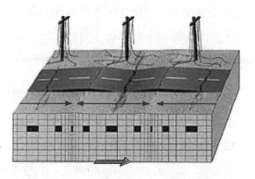

▲ 图1-2　沿地表传播的纵波

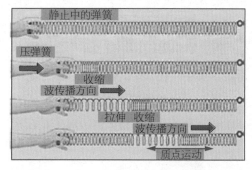

▲ 图1-3　绳子产生的横波

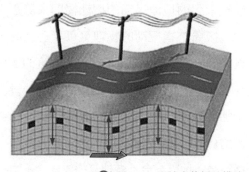

▲ 图1-4　沿地表传播的横波

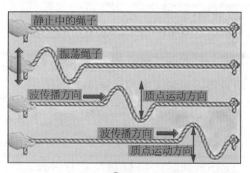

▲ 图1-5　地震波在地壳中传播示意图

三、震中距

从震中到地面上任何一点的距离叫作震中距。同一个地震在不同的距离上观察，远近不同，叫法也不一样。对于观察点而言，震中距大于1 000千米的地震称为远震，震中距在100～1 000千米的称为近震，震中距在100千米以内的称为地方震。例如，汶川地震对于300多千米处的重庆而言为近震；而对千里之外的北京而言则为远震。

四、震源深度

从震源到地面的距离叫作震源深度。震源深度在60千米以内的地震为浅源地震，震源深度超过300千米的地震为深源地震，震源深度为60～300千米的地震为中源地震。

浅源地震，地震波频率高，振幅小，活动强烈，难以预测，破坏性强，但是持续时间短，很少有余震。深源地震，地震波频率低，但是振幅大，活动有持续性，可以预测，瞬间破坏性不大，但伴有长时间的不可测高等级余震。

同样强度的地震，震源越浅，所造成的影响或破坏就越严重。破坏性地震一般是浅源地震。如1976年的唐山地震的震源深度为12千米，2008年汶川地震的震源深度为18.7千米。

五、震级

地震震级是表征地震强度大小的量度。当前，新闻报道一般采用的是国际通用的地震震级——里氏震级。其他常用的震级有近震震级ML、面波震级MS、体波震级MB和震动持续时间震级MD，对巨大地震的量度还有矩震级MW和谱震级M（T）等。我国规定对公众发布一律使用面波震级。面波震级标度MS比较适用于从远处（震中距大于1 000千米）测定浅源大地震的震级，而且各国地震机构的面波震级测定结果也比较一致，因此，通常所说的里氏震级就是面波震级。

里氏震级是由两位来自美国加州理工学院的地震学家里克特和古登堡于1935年提出的一种震级标度，里氏规模是地震波最大振幅以10为底的对数，并选择距震中100千米的距离为标准，通过地震仪记录到的地面运动的振动幅度来测定的。振幅是指振动的物理量可能达到的最大值，它是表示振动的范围和强度的物理量。里氏规模每增强一级，释放的能量增加约32倍，相隔二级的震级其能量相差约1 000（即32×32）倍。由于地震波传播路径、地震台台址条件等的差异，不同台站所测定的震级不尽相同，所以常取各台的平均值作为一次地震的震级。地震发生时，距震中较近的台站常会因为仪器记录振幅"出格"而难以确定震级，此时就必须借助更远的台站来测定。所以，地震过后一段时间对震级进行修订是常有的事。

由于"地震强度频谱的比例定律"的限制，里氏震级在8.3～8.5时会产生饱和效应，即随着地震波能量的增加，相应的震级大小却不会增加。为克服震级饱和现象，对于巨大地震，国际上一般采用地震矩测定震级，用地震矩测定的震级称为矩震级。地震矩是在位错理论模型下，由地震波谱分析得到的具有力偶量纲的物理量，与震源破裂大小有关，是对断层滑动引起的地震强度的直接测量，描述了地震破裂面上滑动量的大小，一般通过波形反演的方法计算。

经研究表明，震源破裂长度在100千米左右的大地震的MS与MW几乎相近，当破裂长度更长时它们的差别就会明显，一般认为MW标度是MS标度对破坏性地震震级的自然延续。

地震按震级大小的划分大致如下：

弱震：震级小于里氏3级。如果震源不是很浅，这种地震人们一般不易觉察。

有感地震：震级大于或等于里氏3级、小于或等于里氏4.5级。这种地震人们能够感觉到，但一般不会造成破坏。

中强震：震级大于里氏4.5级、小于里氏6级，属于可造成损坏或破坏的地震，但破坏轻重还与震源深度、震中距等多种因素有关。

强震：震级大于或等于里氏6级，是能造成严重破坏的地震。其中震级大于或等于里氏8级的又称为巨大地震。

六、地震烈度

地震烈度是表示地震对地表及工程建筑物影响的强弱程度，简称烈度。烈度与震级不同，震级反映地震本身的大小，只与地震释放的能量多少有关；而烈度则反映的是地震的后果，一次地震后不同地点烈度不同。打个比方，震级好比一盏灯泡的瓦数，烈度好比某一点受光亮照射的程度，它不仅与灯泡的功率有关，而且与距离的远近有关。因此，一次地震只有一个震级，而烈度则各地不同。

一般而言，震中地区烈度最高，随着震中距加大，烈度逐渐减小。例如，1976年的唐山地震，震级为里氏7.8级，震中烈度为XI度；受唐山地震影响，天津市区烈度为Ⅷ度，北京市多数地区烈度为Ⅵ度，再远到石家庄、太原等地烈度就更低了。

地震烈度是以人的感觉、器物反应、房屋等结构和地表破坏程度等进行综合评定的，反映的是一定地域范围内（如自然村或城镇部分区域）地震破坏程度的平均水平，必须由科技人员通过现场调查予以评定。

一次地震后，一个地区的地震烈度会受到震级、震中距、震源深度、地质构造、场地条件等多种因素的影响。

用于说明地震烈度的等级划分、评定方法与评定标志的技术标准是地震烈度表，各国所采用的烈度表不尽相同。

我国评定地震烈度的技术标准是《中国地震烈度表（1980）》（表1-1），它将烈度划分为12度，其评定依据之一是：Ⅰ～Ⅴ度以地面上人的感觉为主；Ⅵ～Ⅹ度以房屋震害为主，人的感觉仅供参考；Ⅺ、Ⅻ度以房屋破坏和地表破坏现象为主。

按这个烈度表的评定标准，一般而言，烈度为Ⅲ～Ⅴ度时人们有感，Ⅵ度以上有破坏，Ⅸ～Ⅹ度破坏严重，Ⅺ度以上为毁灭性破坏。

表1-1 中国地震烈度表

地震烈度	人的感觉	房屋震害			其他震害现象	水平向地面运动	
		类型	震害程度	平均震害指数		峰值加速度（m/s²）	峰值速度（m/s）
Ⅰ	无感	–	–	–	–	–	–
Ⅱ	室内个别静止中的人有感觉	–	–	–	–	–	–
Ⅲ	室内少数静止中的人有感觉	–	门、窗轻微作响	–	悬挂物微动	–	–
Ⅳ	室内多数人、室外少数人有感觉，少数人梦中惊醒	–	门、窗作响	–	悬挂物明显摆动，器皿作响	–	–
Ⅴ	室内绝大多数、室外多数人有感觉，多数人梦中惊醒	–	门窗、屋顶、屋架颤动作响，灰土掉落，个别房屋抹灰出现细微裂缝，个别有檐瓦掉落，个别屋顶烟囱掉砖	–	悬挂物大幅度晃动，不稳定器物摇动或翻倒	0.31（0.22~0.44）	0.03（0.02~0.04）

续表

地震烈度	人的感觉	类型	震害程度	平均震害指数	其他震害现象	峰值加速度（m/s²）	峰值速度（m/s）
			房屋震害			水平向地面运动	
Ⅵ	多数人站立不稳，少数人惊逃户外	A	少数中等破坏，多数轻微破坏和（或）基本完好	0.00~0.11	家具和物品移动；河岸和松软土出现裂缝，饱和沙层出现喷沙冒水；个别独立砖烟囱轻度裂缝	0.63（0.45~0.89）	0.06（0.05~0.09）
		B	个别中等破坏，少数轻微破坏，多数基本完好				
		C	个别轻微破坏，大多数基本完好	0.00~0.08			
Ⅶ	大多数人惊逃户外，骑自行车的人有感觉，行驶中的汽车驾乘人员有感觉	A	少数毁坏和（或）严重破坏，多数中等和（或）轻微破坏	0.09~0.31	物体从架子上掉落；河岸出现塌方，饱和沙层常见喷水冒沙，松软土地上地裂缝较多；大多数独立砖烟囱中等破坏	1.25（0.90~1.77）	0.13（0.10~0.18）
		B	少数毁坏，多数严重和（或）中等破坏				
		C	个别毁坏，少数严重破坏，多数中等和（或）轻微破坏	0.07~0.22			
Ⅷ	多数人摇晃颠簸，行走困难	A	少数毁坏，多数严重和（或）中等破坏	0.29~0.51	干硬土上出现裂缝，饱和沙层绝大多数喷沙冒水；大多数独立砖烟囱严重破坏	2.50（1.78~3.53）	0.25（0.19~0.35）
		B	个别毁坏，少数严重破坏，多数中等和（或）轻微破坏				
		C	少数严重和（或）中等破坏，多数轻微破坏	0.20~0.40			
Ⅸ	行动的人摔倒	A	多数严重破坏或（和）毁坏	0.49~0.71	干硬土上多处出现裂缝，可见基岩裂缝、错动，滑坡、塌方常见；独立砖烟囱多数倒塌	5.00（3.54~7.07）	0.50（0.36~0.71）
		B	少数毁坏，多数严重和（或）中等破坏				
		C	少数毁坏和（或）严重破坏，多数中等和（或）轻微破坏	0.38~0.60			
Ⅹ	骑自行车的人会摔倒，处不稳状态的人会摔离原地，有抛起感	A	绝大多数毁坏	0.69~0.91	山崩和地震断裂出现；基岩上拱桥破坏；大多数独立砖烟囱从根部破坏或倒毁	10.00（7.08~14.14）	1.00（0.72~1.41）
		B	大多数毁坏				
		C	多数毁坏和（或）严重破坏	0.58~0.80			
Ⅺ		A	绝大多数毁坏	0.89~1.00	地震断裂延续很大，大量山崩滑坡	—	—
		B					
		C		0.78~1.00			
Ⅻ	—	A	—	1.00	地面剧烈变化，山河改观	—	—
		B					
		C					

注：表中的数量词："个别"为10%以下；"少数"为10%~45%；"多数"为40%~70%；"大多数"为60%~90%；"绝大多数"为80%以上

——地学知识窗——

地震动峰值加速度

地震动峰值加速度是指地震震动过程中，地表质点运动加速度的最大绝对值。地震动峰值加速度可以作为确定烈度的依据，每一烈度分别对应相应的地震动峰值加速度值。地震动峰值加速度值为2.5~8 cm/s²时，多数人有感；达到25~80 cm/s²时，房屋强烈摇动（表1-2）。

表1-2　　　　　　　　　　地震动峰值加速度与震级对应

峰值加速度	<0.05	0.1	0.15	0.2	0.25	0.3	≥0.4
震　级	<Ⅵ	Ⅵ	Ⅶ	Ⅶ	Ⅷ	Ⅷ	≥Ⅸ

地震的类型与危害

一、地震类型

广义地说，地震是地球表层的震动；根据震动性质不同可分为天然地震、人工地震和脉动。狭义而言，人们平时所说的地震是指能够形成灾害的天然地震。

1. 天然地震

天然地震是指自然界发生的地震现象，主要有构造地震、火山地震和塌陷地震等。

（1）构造地震

由于地下深处岩石破裂、错动把长期积累起来的能量急剧释放出来，以地震波的形式向四面八方传播出去，到地面引起的震动。这类地震发生的次数最多，破坏力也最大，约占全世界地震的90%。绝大部分产生破坏的地震都是构造地震，我们平时提到的地震基本上都是指构造地震，如无特别提示，本书以下内容中的

"地震"指的都是构造地震。

在构造地震中，按照发震的序列特征，大致又可分为四种类型：

孤立型地震：没有前震，余震少而小，与主震震级相差悬殊，地震能量基本上是通过主震一次释放的。如1996年11月19日上海近海海域发生的里氏6.2级地震。

主震-余震型地震：一个地震序列中，最大的地震特别突出，所释放的能量占全部序列的90%以上，叫主震；其他的地震，发生在主震前的叫前震，发生在主震之后的叫余震。该类型地震的余震次数较多，持续时间较长。如1976年唐山地震。

双震型地震：一次地震活动序列中，由两个时间间隔不长，地点、大小相近的地震释放全序列能量的90%以上。如1996年的河北邢台地震。

震群型地震：一个地震序列中，主要能量通过多次震级相近的地震释放，没有明显的主震，几次地震释放的能量占全序列的80%以上。如1988年新疆伽师地震。

（2）火山地震

由于火山作用，如岩浆活动、气体爆炸等引起的地震称为火山地震。只有在火山活动区才可能发生火山地震，这类地震只占全世界地震的7%左右。

（3）塌陷地震

由于地下岩洞或矿井顶部塌陷而引起的地震称为塌陷地震。这类地震的规模比较小，次数也很少，即使有，也往往发生在溶洞密布的石灰岩地区或大规模地下开采的矿区。

——地学知识窗——

地震序列

地震序列是在一定时间内，发生在同一震源区的一系列大小不同的地震，且其发震机制具有某种内在联系或有共同的发震构造的一组地震的总称。

一个地震序列中最强的地震称为主震；主震前在同一震区发生的较小地震称为前震；主震后在同一震区陆续发生的较小地震称为余震。余震一般在地球内部发生主震的同一地方发生。通常的情况是一次主震发生以后，紧跟着有一系列余震发生，其强度一般都比主震小。余震的持续时间可达几天甚至几个月。

2. 人工地震

人工地震是由人为活动引起的地震。如工业爆破、地下核爆炸造成的震动；另一类为非炸药震源，如机械撞击、气爆震源、电能震源和大型水库等。在深井中进行高压注水以及大水库蓄水后增加了地壳的压力，有时也会诱发地震。

爆炸的能量愈大产生的震动愈大；但同时还受到地质条件如岩石性质的影响，在坚硬的岩石中爆炸比在松软的土石层中影响要大些。一次百万吨级的氢弹在花岗岩中爆炸所产生的地震效应大约相当于一个里氏6级地震。人工地震一般不会造成损害，但对要求高度稳定的精密设备，仍有不利的影响。

3. 脉动

由于大气活动、海浪冲击等原因引起的地球表层的经常性微动。

二、地震的主要危害

地震，是地球上所有自然灾害中给人类社会造成损失最大的一种地质灾害。破坏性地震往往在没有什么预兆的情况下突然来临，顷刻间地动山摇、房塌路毁，甚至摧毁整座城市，并且在地震之后，火灾、水灾、瘟疫等严重次生灾害更是雪上加霜，给人类带来了极大的灾难。全球每年要发生有感地震5万多次，里氏5级以上的能造成破坏的地震约1 000次，而里氏7级以上有可能造成巨大灾害的地震几十次。地震给震区人民带来巨大的生命财产损失，仅20世纪以来，全世界就有超过120万人死于地震，几乎每个地方都受到过地震的侵扰。

1. 地震的直接危害

地震的直接危害是地震的原生现象，如地震断层错动，以及地震波引起地面震动所造成的灾害。主要有：地面的破坏，建筑物与构筑物的破坏，山体等自然物的破坏（如滑坡、泥石流等），海啸、地光烧伤等。

地震造成的灾害首先是破坏房屋和构筑物，造成人畜的伤亡。地震时，最基本的现象是地面的连续震动，主要特征是明显的晃动。地震的能量是以地震波的形式传播的，地震波的传播有纵波、横波、面波等不同形式。纵波传播速度最快，它使建筑物上下颠簸，建筑物的应力结构来不及跟着运动，会造成底层立柱和墙体的动荷载突然增大，叠加建筑物上部的自重压力，若超出底层柱、墙体的承载能力，底层就会垮掉，上面几层也会跟着垮塌，整个建筑就"瘫坐"下来。横波的破坏力比纵波更大，它使建筑物水平摇摆，若底层柱、墙体的强度或变形能力不够，整栋建筑物就会向同一方向歪斜或倾倒。而面波是由纵波与横波在地表相遇后激发产生的混合波，它的传播速度最慢，但破坏力最大，在传播过程中会出现像激流中的"旋涡"一样的情形，仿佛是打着旋儿过来的，会导致建筑物的扭动。而建筑物抗扭能力一般都是比较差的。一旦碰到上下颠、左右摇、扭转等多种地震波共同发生，破坏力就更可怕。1960年智利大地震时，最大的晃动持续了3分钟；1976年唐山地震中，70%～80%的建筑物倒塌（图1-6），人员伤亡惨重。

地震对自然界景观也有很大影响，最主要的后果是地面出现断层和地裂缝（图1-7）。大地震的地表断层常绵延几十至几百千米，往往具有较明显的垂直错距和水平错距，能反映出震源处的构造变动特征（如旧金山大地

震）。但并不是所有的地表断裂都直接与震源的运动相联系，它们也可能是由于地震波造成的次生影响。特别是地表沉积层较厚的地区，坡地边缘、河岸和道路两旁常出现地裂缝，这往往是由于地形因素，在一侧没有依托的条件下晃动使表土松垮和崩裂。地震的晃动使表土下沉，浅层的地下水受挤压会沿地裂缝上升

▲ 图1-6　房屋倒塌

▲ 图1-7　地面裂缝

至地表，形成喷沙冒水现象。大地震能使局部地形改观，或隆起，或沉降。使城乡道路坼裂、铁轨扭曲（图1-8）、桥梁折断（图1-9）。

▲ 图1-8　铁轨变形

▲ 图1-9　桥梁断裂

2. 地震的次生灾害

地震的次生灾害是直接灾害发生后，破坏了自然和社会原有的平衡或稳定状态，从而引发的灾害。

在现代城市中，由于地震造成的地下管道破裂、电缆被切断，从而造成停水、停电和通信受阻。煤气、有毒气体

和放射性物质泄漏，会造成火灾和毒物、放射性污染。在山区，地震还能引起山体崩塌和滑坡，崩塌的山石或滑坡体能掩埋村庄和工业设施，崩塌的山石能堵塞江河，在上游形成地震湖。在沿海地区，地震引发的海啸能对沿岸居民的生命财产及沿海的工业设施造成严重的危害。地震发生后，动物尸体的腐烂会严重污染当地的空气和地下水，从而引发疫情。由此可见，地震的次生灾害主要包括火灾、水灾、有毒有害物质的泄漏及瘟疫等。其中火灾是次生灾害中最常见的，也可能是最严重的。

（1）火灾

地震火灾多是因房屋倒塌后火源失控引起的。由于震后消防系统受损，社会秩序混乱，火势不易得到有效控制，因而往往酿成大灾难。图1-10所示为日本地震引发的火灾现场。

（2）地震海啸

地震时海底地层发生断裂，部分地层出现猛烈上升或下沉，造成从海底到海面的整个水层发生剧烈"抖动"，这就是地震海啸。

（3）瘟疫

强烈地震发生后，灾区水源、供水

▲ 图1-10　日本地震引发的火灾

系统等遭到破坏或受到污染，灾区生活环境严重恶化，故极易造成疫病流行。社会条件的优劣与灾后疫病是否流行，关系极为密切。

（4）滑坡和崩塌

这类地震的次生灾害主要发生在山区和塬区，由于地震的强烈震动，使得原已处于不稳定状态的山崖或塬坡发生崩塌或滑坡。这类次生灾害虽然是局部的，但往往带来毁灭性的后果，使整村整户人财全被埋没。

（5）水灾

地震引起水库、江湖决堤，或是由于山体崩塌堵塞河道造成水体溢出等，都可能造成地震水灾。

此外，社会经济技术的发展还带来新的继发性灾害，如通信事故、计算机事故等。这些灾害是否发生或灾害大小，往往与社会条件有着更为密切的关系。

Part 2 地震成因揭秘

　　由于地震发生在浅则数千米、深则数百千米的地下，无法进行直接观测，加上地震的发生是应力长期积累的结果，因而地震的成因是地震研究的难点，到目前为止也没有形成定论，现在比较流行的是大家普遍认同的板块构造学说。

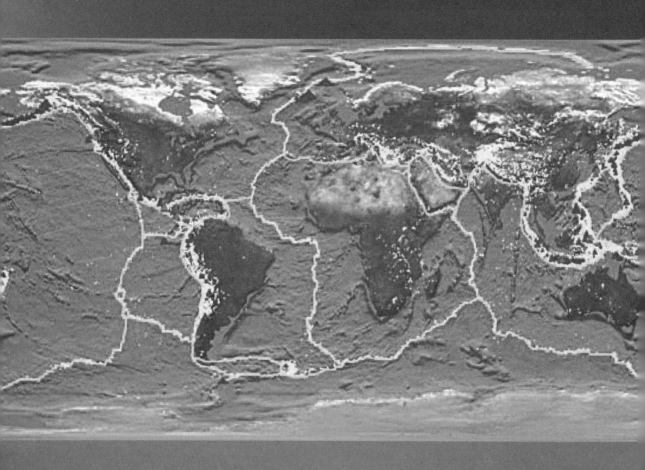

地震的成因学说

在20世纪60年代初海底扩张学说提出之后，一批年轻的地质和地球物理学家吸取了大量海洋物理和地质学的观测和研究成果，论证了大陆漂移和海底扩张学说的合理性。把大陆漂移和海底扩张学说延伸，深化为板块构造学说，做出了创新性的贡献。

一、地球表层的板块构造

1968年，法国地质学家勒皮雄（Le-Pichon）等人提出了板块构造的概念，将地球的岩石层划分为六大板块，所有这些板块，都漂浮在具有流动性的地幔软流层之上。随着软流层的运动，各个板块也会发生相应的水平运动。板块相互之间以大洋中央海岭、海沟、巨大断裂和活动的褶皱造山带为界。板块边缘是全球地质作用最为活跃的地区。大洋中央海岭出现在板块的生长边界；海沟、岛弧和活动褶皱带出现在板块的消亡边界。不同板块之间的接合部位，表现为频繁的火山活动和地震，如图2-1所示。

地球内部物质存在显著的不均匀性，

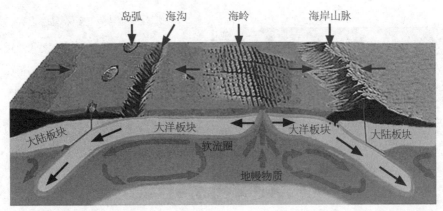

岛弧　海沟　　　海岭　　　海岸山脉

大陆板块　　大洋板块　　　　大洋板块　　大陆板块

软流圈

地幔物质

▲图2-1　板块构造剖面示意图

在地球转动的过程中产生了差异作用力；加上地球内部存在放射性物质，放射性物质的蜕变产生的高热，一方面使部分岩石熔融形成岩浆，另一方面驱动地球内部物质发生运动（如对流）。在地球内部物质运动的长期影响下，地球的外圈形成若干个巨大的块体——板块。

目前，一般认为地球表面有六大板块（图2-2）：

太平洋板块：近4/5的太平洋都在这个板块内；

美洲板块：包括南、北美洲以及接近美洲的部分太平洋、大西洋；

亚欧板块：包括几乎整个亚洲和欧洲，还包括一部分大西洋，但属于亚洲的印度不在这个板块内；

南极洲板块：包括整个南极洲以及除北冰洋外的三大洋的边缘部分；

非洲板块：包括整个非洲以及一部分大西洋；

印度洋板块：澳大利亚东、北、南的部分大洋洲国家，绝大部分印度洋，以及印度次大陆、阿拉伯半岛都包含在这一板块内。

按照上面的划分，大西洋被几个板块所"共享"，太平洋则比较完整地单独存在于一个板块内；北冰洋则是被亚欧板块、美洲板块"瓜分"了。

二、板块的运动与地震

全球所有板块都在移动。板块运动

▲ 图2-2　全球板块构造分布

——地学知识窗——

板块边界类型

离散型边界，又称生长边界（与消亡边界相对），是两个相互分离的板块之间的边界。

汇聚型边界，又称消亡边界，是两个相互汇聚、消亡的板块之间的边界。相当于海沟或地缝合线。消亡板块易形成海沟或造山带。

转换型边界，又称守恒性边界，是相邻板块作相对平移运动的边界，板块既不消减也不增生，而是相互侧向滑移。

通常是指一板块相对于另一板块的相对位移。板块构造学认为，岩石圈与软流圈在物性上有明显的差别。软流圈相当于上地幔中的低速层，该层圈中地震横波波速降低，介质品质因素Q值亦明显降低，但导电率却显著升高。这些都表明软流圈物质可能较热、较软、较轻，具有一定的塑性，是上覆岩石圈板块发生水平方向上的大规模运动的基本前提。板块在软流层之上运动，由地幔对流产生驱动力而运动。

地球表层板块之间以不同的方式发生相对运动（图2-3）。例如，北美板块与太平洋板块之间是水平位置上的相对位移（走滑）；太平洋板块与亚欧板块之间是俯冲运动，即太平洋板块沿着日本海沟向亚欧板块下面插入（俯冲）；印度洋板块向北在喜马拉雅山脉与亚欧板块推挤（碰撞）；还有大洋板块之间的边界，如南极洲板块与太平洋板块之间则是张开分离的运动（扩张）。这些以不同形式运动着的板块边界是地球上最为活跃的区域，也是地震活动和火山活动最为频繁和强烈的地带。

板块边界的运动使得板块边界地区的地壳发生弹性变形而产生应力，由于变形的持续增加，应力不断累积，一旦超过抵抗它的摩擦阻力时，地壳就会错动反弹

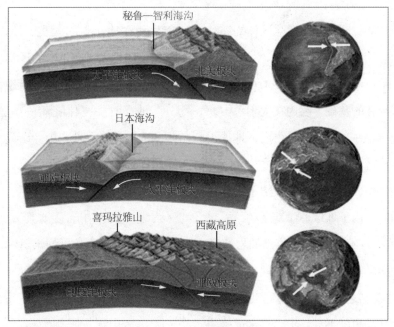

🔺 图2-3　地球板块运动的几种形式

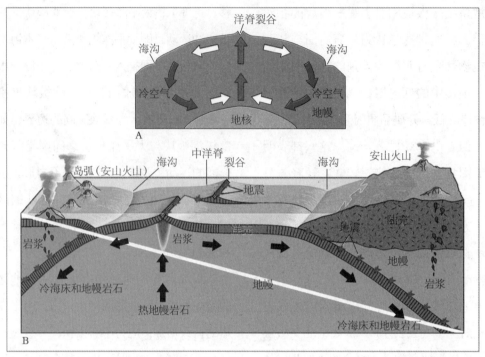

▲ 图2-4 板块运动机理

至没有应变的位置，同时发生固体的震动而产生地震。如图2-4所示。

地球在不停地运动着，这种运动是地球能够存在的基础。因为在太阳系中，太阳对地球存在着巨大的吸引力，地球正是凭借自身运动产生的离心力才与太阳的吸引力相抗衡，使得地球在太阳系中存在下来。同时，由于地球不停地运动，引起地球表面和内部物质的运动，如岩浆活动、地壳运动等；而地震活动就是急剧地壳运动的表现之一。地球的运动不会停止，地震活动也就不会停止，将永远威胁着生活在地球上的人类，所以，研究地震、预防地震具有重要的现实意义。

三、地震伴生的物理现象

地震时往往伴随着一些独特的物理现象，如地光、地声等。研究相关的物理现象有助于地震的预防预报。

1.地光

地光大多在临震前几分钟到几秒钟出现在贴近地面的低层大气中，高度角不大，常在天边可见。

2.大气电

每逢出现雷阵雨天气时，常听到收

音机里出现杂音，这是受到大气电干扰的结果。而在地震时常伴有大气电产生，会干扰各种无线信号的传播。

3. 风雨大作

在临震前有时出现怪风，突然而起，风力很强，风向不稳定。

4. 震前降水"旱一阵"和"雨后热"

即降水特点是降水前旱得厉害，降水时大且猛，雨后不是像通常情况下那样倍感凉爽，而是闷热难忍。

5. 热异常

里氏7级以上大震前"特别闷热"，尤其是夏季，虽大雨倾盆，但天气却极热。冬天是反常的温度。

6. 大气混浊

大多数地震前几天都出现空气混浊现象。

7. 地气

地震前后突然闻到一种奇怪的臭味，并感到一股热气，气出如火，它来自地下，多从地壳裂缝中冒出，呈白色、黑色或黄色，散发着硫化物之类的臭味。

8. 与月球的引力有关

月球的引力可以引起海洋潮汐，也会使积蓄已久的地震能量得到诱发。所以有的科学家指出，地震不仅多发于夜间，而且还常发生在阴历初一、十五的月相为朔望的时刻。

地震活动的空间规律

地震带是地震集中分布的地带。在地震带内，地震密集；在地震带外，地震分布零散。人类发明地震仪后，根据1900年以来获得的资料，全球一百多年来的地震活动，特别是里氏6级以上的强震，分布基本集中在三个大型的地震带内。如图2-5、图2-6所示。

一、环太平洋地震带

环太平洋地震带是地球上主要的地震带，它像一个巨大的环，围绕着太平洋

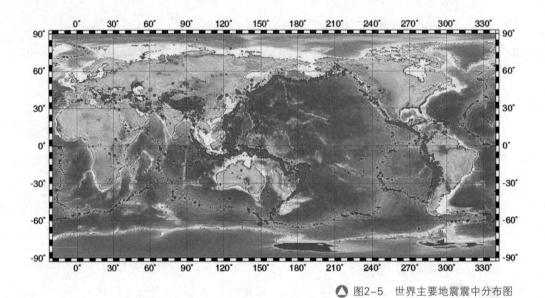

图2-5　世界主要地震震中分布图

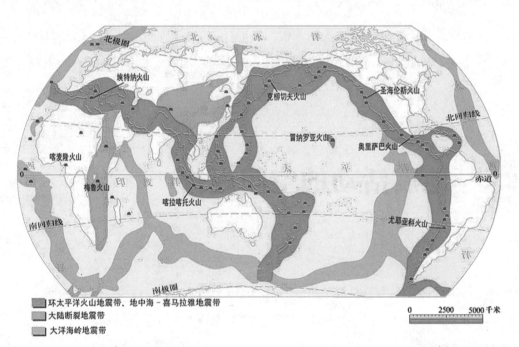

图2-6　全球主要地震带示意图

分布，沿北美洲太平洋东岸的美国阿拉斯加向南，经加拿大本部、美国加利福尼亚和墨西哥西部地区，到达南美洲的哥伦比亚、秘鲁和智利，然后从智利转向西，穿过太平洋抵达大洋洲东边界附近，在新西兰东部海域折向北，再经斐济、印度尼西亚、菲律宾、中国台湾省、琉球群岛、日本列岛、千岛群岛、堪察加半岛、阿留申群岛，回到美国的阿拉斯加，环绕太平洋一周，也把大陆和海洋分隔开来。该地震带集中了全世界80%以上的浅源地震、几乎全部的中源和深源地震。

太平洋地震带附近的国家有阿根廷、伯利兹、玻利维亚、巴西、文莱、加拿大、哥伦比亚、智利、哥斯达黎加、厄瓜多尔、东帝汶、萨尔瓦多、密克罗尼西亚联邦、斐济、危地马拉、洪都拉斯、印度尼西亚、日本、中国、基里巴斯、马来西亚、墨西哥、新西兰、尼加拉瓜、帕劳、巴布亚新几内亚、巴拿马、秘鲁、菲律宾、俄罗斯、萨摩亚、所罗门群岛、汤加、图瓦卢、美国等。

二、欧亚地震带

欧亚地震带又称地中海—喜马拉雅地震带，从地中海向东，一支经中亚至喜马拉雅山，然后向南经我国横断山脉，过缅甸，呈弧形转向东，至印度尼西亚；另一支从中亚向东北延伸，至堪察加，分

——地学知识窗——

世界上最容易发生地震的地方

世界上最容易发生地震的地方是美国加州帕克菲乐德。帕克菲乐德是一座古怪的小镇，它只有一栋仅一间的校舍、一所县图书馆和一条孤零零的大街。但在一家咖啡馆旁的水塔上却赫然呈现大幅"广告"：世界上最容易发生地震的地方。

过去的150年里，这里平均每隔22年就出现一次里氏约为6.0级的地震。因为该地恰巧坐落在1 290千米长的岩质地壳裂缝带上，即"圣安德烈亚斯断层"的上面，而该断层正是加州屡次发生地震的震源。由于这里是研究地震活动的理想场所，因而很多地震学家都来此进行研究，安置各种仪器、现场观测地面运动、水位、磁场及岩石形变等，以便获取地震的前兆现象。

布比较零散。本带是在亚欧板块和非洲板块、印度洋板块的消亡边界上。欧亚地震带所释放的地震能量占全球地震总能量的15%，主要是浅源地震和中源地震，缺乏深源地震。

三、海岭地震带

在大西洋、印度洋、太平洋东部、北冰洋和南极洲周边的海洋中，成带分布着许多中、小型地震的震中。这一地震震中分布的条带绵亘6万多千米，与大洋的海岭位置完全符合，是全球最长的一条地震带，叫作海岭地震带，又称为大洋中脊地震带。

四、其他地震分布带

除上述三大地震带外，大陆内部（板块内部）还有一些分布范围相对较小的地震带。如东非裂谷地震带以及我国邻近环太平洋地震带和欧亚地震带的交界地区，地震频繁。历史上发生过不少破坏性地震，许多地震的震级超过里氏7级，如1976年7月28日的唐山里氏7.8级地震，2008年5月12日的汶川里氏8.0级地震，都在大陆板块内部，这些地震相对于发生在板块边界上的地震而言，称之为板内地震或大陆地震。

据统计，里氏3级以下的小地震到处都可以发生，但是较大的地震分布范围就有一定的规律，上面提到的全球性三大地震带和若干区域性小型地震带是地震集中发生的地区。相对而言，南、北极地区的地震比较稀少。对北极来说，洋脊地震带穿过北极地区，北极地区发生过一些中强以上地震，但频率不高；不过南极的情况不同，南极大陆及其外海都属于南极洲板块，是一个整体，因此在南极高纬度地区基本上没有发生过中强地震。

美国科学家经过多年的观测研究认为，巨大的冰层是导致南极大陆和北极格陵兰岛地区没有发生强烈地震的主要原因。科学家认为，南极大陆和格陵兰岛的冰雪覆盖面积分别达到95%和80%，而且冰层的厚度极大，如南极大陆冰层平均厚度为1 880米，最厚的地方可达4 000米。由于冰层的巨大压力，其底部几乎处于"熔融"状态，同时由于冰层面积宽、重量大，在垂直方向产生强烈的压缩。冰层产生的巨大压力与底层构造的挤压力达到了均衡，分散和缓冲了地壳的变形，应力无法集中，也就不会产生强烈地震了。

地震活动的时间规律

一、全球地震活动的时间规律

根据地震历史资料和一百多年来对地震活动的观测结果，地震学家认为地震活动在时间上也存在一定的规律。这里应当说明，人类目前积累的地震活动资料的时段相对地球演化的历史是极其短暂的，因此根据这些资料得出的结论的可靠程度是比较低的。

地震活动时间上的规律，主要是指地球上某一个地区或某一条地震带，在一段时间内表现为多震的活动期，在另外一段时间内则表现为少震的平静期。这种活跃期和平静期交替出现的现象，也可以叫作地震的周期性或地震的间歇性。据统计资料分析，在全球范围内，20世纪40年代是里氏7级以上大地震次数最多、最活跃的时期。如图2-7所示。

地震学家认为，由于各个地区构造活动性的差异，中强地震活动周期长短是不同的。同一条地震带，常常显示出

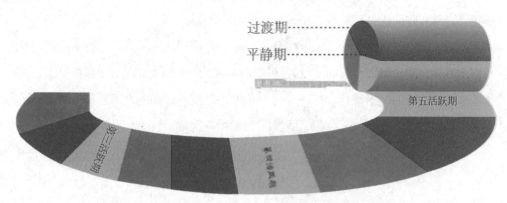

过渡期

平静期

第五活跃期

▲ 图2-7　地震活动时间规律示意图

特有的周期性。例如，在环太平洋地震带北带，1915～1933年的19年间，发生了一系列里氏7.8级以上的浅源地震；1934～1951年的18年间，整个断裂带都比较平静；1952～1969年的18年间，地震增多，进入一个新的活跃期。其他地震带也或多或少表现出这样的特点。

我国地震在时间分布上也存在活动的周期性和重复性。我国东部中强地震活动周期普遍比西部长（台湾除外），东部一个周期大约300年，西部为100～200年，台湾地区为几十年。总的看来，板块边缘地震活动周期较短，板块内部地震活动周期较长。在一个地震周期中还可进一步划分时间更短的周期，称之为地震幕。是否还有更长的周期，由于历史地震记录时间太短，目前尚难确定。地震重复性是指地震原地重复发生的现象。一般来说，震级越大，重复时间越长；震级越小，重复时间越短。但不同震区、带，由于构造活动强弱差异，同一震级地震的重复时间的长短也是不一样的。据统计，在同一构造带（或构造区）上里氏6级左右的地震重复时间可以从几十到几百年，里氏7级以上地震的重复时间可达千年以上。

二、我国地震活动规律

以我国内陆的地震带为例，地震活跃期和平静期交替出现的情况也很明显。例如，甘肃河西走廊断裂带，1920～1954年的25年内，先后发生了海原、古浪、昌马、山丹、民勤等多次7级以上的地震，但此后却一直保持相对的平静。又如，陕西渭河地堑，881（唐广明二年）～1486年（明成化二十二年）的606年间，未见破坏性地震记载；1487～1570年间，地震转入活跃期，1556年（明嘉靖三十四年）发生了导致83万人死亡的华县里氏8级大地震；1570年后又趋于平静，极少发生里氏5级以上的地震。又如，华北的燕山地震带，1679年发生三河-平谷里氏8级大地震到1976年唐山里氏7.8级大地震，时间相隔297年，专家们认为可能存在300年左右的准周期性。当然，这种活跃期与平静期的区分是按照地震的多寡相对而言的，并不是说活跃期内地震连年不断，而平静期内一次地震也不会发生。

Part 3 全球地震巡礼

地震，以其猝不及防的突发性和极大的破坏力严重威胁着人类的生命和财产安全，历史上发生过多次伤亡惨重的大地震。本章选取了部分具有代表性的国外地震实例，以便让广大读者更加直观地了解地震的危害，增强防震减灾的意识。

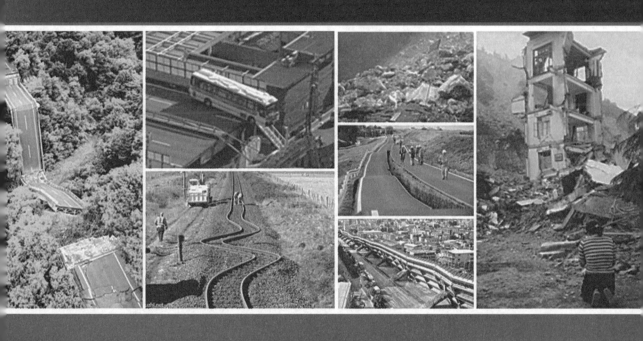

　　根据史料记载，全球至少发生过两次造成80万人以上死亡的大地震。一次是1201年7月发生在地中海东部的大地震，造成了约110万人死亡，伤亡主要发生在埃及和叙利亚，不过关于这次地震伤亡的数字尚缺乏确凿的文字记载；另一次是1556年2月发生在我国陕西华县的大地震，此次地震导致83万人死亡，受害地点主要在陕西东部、山西南部和河南西北部地区，有关此次地震造成的巨大伤亡在我国的史书上有明确的记载，近年来陕西省地震局对这个伤亡数字进行了详尽的考证，认为83万人死亡的数字基本符合实际（表3-1）。

表3-1　　　　　　　　　20世纪全球重大地震及其造成损失的主要情况

日　期	震中地区	震级（M）	人员和财产损失情况
1905.04.04	印度—克什米尔之间	8.0	死亡约1.9万人
1906.04.18	美国旧金山	8.3	死亡约750人，损失5亿美元
1906.08.17	智利圣地亚哥	8.4	死亡约2万人，损失2.6亿美元
1907.10.21	俄国杜尚别	8.0	死亡约1.2万人
1908.12.28	意大利西西里岛	7.5	死亡约12.3万人
1915.01.13	意大利阿韦扎诺	7.0	死亡约3万人
1920.12.16	中国宁夏海原	8.5	死亡约23.4万人
1923.09.01	日本东京、横滨	8.2	死亡和失踪约14万人，损失28亿美元
1927.05.23	中国甘肃古浪	8.0	死亡约4.14万人
1934.01.15	尼泊尔、印度边境	8.3	死亡约1.1万人
1935.05.30	巴基斯坦奎达	7.5	死亡约5万人
1939.12.26	土耳其埃尔津詹	8.0	死亡约3.3万人
1948.10.05	苏联阿什哈巴德	7.3	死亡约2.3万人
1949.07.10	苏联海特	7.6	死亡约1.2万人

日　期	震中地区	震级（M）	人员和财产损失情况
1960.02.29	摩洛哥艾加迪尔	5.9	死亡约1.3万人，损失1.2亿美元
1960.05.22	智利康塞普西翁	9.5	死亡0.6万人，损失6.8亿美元
1962.09.01	伊朗西北部	7.1	死亡约1.2万人
1968.08.31	伊朗东北部	7.4	死亡约1.2万人
1970.01.05	中国云南通海	7.8	死亡约1万人
1970.05.31	秘鲁	7.7	死亡约6.7万人，损失5.1亿美元
1972.12.23	尼加拉瓜	6.2	死亡1.2万人，损失10亿美元
1976.02.04	危地马拉	7.9	死亡2.3万人，损失10亿美元
1976.07.28	中国唐山	7.8	死亡约24.2万人，损失100亿元人民币
1978.09.16	伊朗东部	7.7	死亡2.5万人
1980.10.10	阿尔及利亚阿斯南	7.7	死亡2万人，损失60亿美元
1985.09.19	墨西哥西海岸	8.2	死亡1万多人，损失70亿美元
1988.12.07	苏联亚美尼亚	6.9	死亡5.5万人，损失100亿卢布
1989.01.25	智利、阿根廷边境	7.8	死亡2.8万人，损失1亿美元
1990.06.21	伊朗鲁德巴尔	7.7	死亡约5万多人，损失6.3亿美元
1994.01.17	美国洛杉矶	6.7	死亡约57人，损失170亿美元
1995.01.17	日本阪神	7.3	死亡约0.6万人，损失1000亿美元
1995.05.27	俄罗斯涅夫捷戈尔斯克	7.6	死亡约0.2万人，损失3300亿卢布
1999.08.17	土耳其伊兹米特	7.8	死亡约1.8万人，损失200亿美元
1999.09.21	中国台湾南投	7.6	死亡约0.3万人，损失92亿美元

　　频繁的强震活动造成人员的重大伤亡和财产的严重损失，但是不同的地震灾害又有各自不同的特点，分析不同地震灾害特点的差异，从中吸取经验教训，有利于我们防御和减轻地震灾害。下面介绍几例20世纪以来发生的强烈地震。

环太平洋地震带上的地震

一、1906年美国旧金山地震

地震发生在当地时间1906年4月18日清晨5点12分左右，震级为里氏8.3级，震中位于接近旧金山的圣安地列斯断层上。自俄勒冈州到加州洛杉矶，甚至是位于内陆的内华达州都能感受到这场地震的威力。地震及随之而来的大火，对旧金山造成了严重的破坏，可以说是美国历史上主要城市所遭受最严重的自然灾害之一。如图3-1所示。

当日凌晨，人们睡梦正酣，大地突然震动起来，教堂狂乱鸣响的钟声、房屋倒塌的轰响以及"隆隆"的地声交织在一起，犹如天塌地陷般恐怖，令人胆战心惊。开始时震动较轻，随后逐渐加强，约40秒后达到高峰，又突然停止了十多秒钟，而后又是更强烈的震动，持续了约25秒钟，

之后是一连串的余震。1分钟内，旧金山及周边城镇面目全非，房屋基本完全倒塌或变形，街道或像波浪一样起伏不平或断开龟裂，电车轨道弯曲变形。地震造成约750人死亡，财产损失达5亿美元。

地震造成烟囱倒塌、堵塞及火炉翻倒，旧金山市有50多处同时起火。大部分上下水道和消防站在地震中遭到破坏，水源很快枯竭，消防人员只好从沟渠、水塘和水井中抽水救火，加上警报系统失灵，

△ 图3-1 1906年美国旧金山大地震引发大火

导致救火效率低下。火势越来越猛，迅速蔓延，烧毁了大量建筑。由于火势过旺，温度不断升高，本来耐火的建筑也因内部达到燃点而自燃起火，有限的水浇上去犹如火上浇油，适得其反。消防人员不得不尝试在市区用炸药炸开一条防火带，但未能成功。大火在三个地区持续烧了三天三夜，10平方千米的市区被完全烧光。最后在靠近大火边缘的地段炸开一条防火带，才控制住了火势。

旧金山地震是一个典型的例子，它告诫人们，大地震可引发严重火灾。旧金山大地震时，虽然大部分水源地的蓄水库未受破坏，但自来水管道却几乎完全损坏，供水不足严重影响了救火的时机，致使火灾发展到无法控制的地步。对位于地震区的大城市，在普通供水系统之外建立单独的辅助高压消防系统，已成为城市抗震防灾的一个重要手段。

二、1923年日本东京-横滨大地震

1923年9月1日中午时分，一场大地震袭击了日本关东地区。震中位于东京的相模湾内，震级为里氏8.2级。大地震引发了火灾、海啸和泥石流等次生灾害。东京、神奈川、千叶、埼玉、静冈、山梨、茨城等1府6县成为地震灾区。

地震发生时正值中午，大多数人都在家准备午饭，突然，地下传来一阵可怕的声音，紧接着大地剧烈地抖动起来，刹那间房倒屋塌，许多人来不及反应就被砸死在屋内。由于当时日本的房屋以木结构为主，倾倒的炉火引发了熊熊大火，火势迅速在各处蔓延开来，尤其是东京和横滨两个大城市，火灾造成了巨大的损失。东京的大火持续燃烧了3天，街道、建筑大部分被烧毁。火灾中最悲惨的一幕发生在现在东京墨田区的横纲公园，当时这里是一片约6.6万平方米的空地，聚集了大批无家可归的避难者，但不幸的是这里也被大火袭击，约3.8万人被烧死或窒息而死。

地震造成的剧烈地壳运动引起山崩地裂，多处出现塌方和泥石流。一片森林以每小时90多千米的速度从山上滑向山谷，碾过一条铁路，将正在行驶的火车连同车上的乘客、货物统统推入邻近的海湾中。还有一些人逃到大火暂时没有殃及的海滩和港口，但地震造成的海啸随之而来，以每小时750千米的速度扑向海湾沿岸，摧毁了所有的船舶、港口设施和近岸房屋，卷走、打碎了8 000多艘舰船，淹死了5万多人。

这次地震的震级高达里氏8.2级，是日本历史上最大的地震之一。地震使日本损失惨重，摧毁了日本关东的广大地区，包括东京和横滨两大城市以及沿此海岸的镰仓、泽山、小田原、热海等小城市。特别是建在松软冲积层上的城市，损失最为严重。东京和横滨城内80%以上的房屋毁于一旦，地震造成超过14万人死亡或失踪，其中90%以上的人死于火灾，20多万人受伤，200多万人无家可归，经济损失超过28亿美元。地震还导致霍乱流行，为此，东京都政府曾下令戒严，禁止人们进入这座城市，防止瘟疫流行。如图3-2所示。

此次大地震后，日本政府痛定思痛，提高了建筑物的抗震能力，加强了对抗震救灾工作的重视。作为一个地震多发

▲ 图3-2　1923年日本东京大地震后满目疮痍

国家，日本的这个传统延续至今。

三、1960年智利大地震

1960年智利大地震，又称为瓦尔迪维亚大地震，震级达里氏9.5级，是人类科学观测史上记录到的规模最大的地震。这次地震还引发了20世纪最大的一次海啸，海啸侵袭了智利、夏威夷、日本、菲律宾、新西兰东部、澳大利亚东南部与阿拉斯加和阿留申群岛。

1960年5月21日，当地时间早晨6点多钟，濒临太平洋的阿劳科半岛突然发生里氏7.9级的强烈地震，3个小时内又连续发生了3次里氏6.5级以上的破坏性地震；第二天早晨，又发生了多次里氏6级以上的地震，接着，下午3点11分发生了里氏9.5级的超级大地震。大地好像风浪中颠簸的船一样摇摆不定，整个过程持续了3分多钟，数百次余震接踵而至。地震造成的破坏极其严重，从首都圣地亚哥到蒙特港全长800多千米海岸线上的各种建筑、船舶，不是陷入海中，就是被巨浪摧毁，交通和通讯全部中断。从瓦尔的维亚到文森港南北长480余千米、东西宽20千米的地带，在几十秒内沉陷

了2米（图3-3），大片土地被海水淹没。

▲ 图3-3 智利大地震形成的巨大沟壑

大地震之后，海水忽然迅速退落，露出了从来没有见过天日的海底，约15分钟后又骤然而涨，滚滚而来，浪涛高达8～9米，最高达25米，以摧枯拉朽之势，袭击了智利和太平洋东岸的城市和乡村。那些幸存在广场、港口、码头和海边的人们顿时被吞噬，海边的船只、港口和码头的建筑物均被击得粉碎。然后巨浪又迅速退去，把能够带动的东西全都席卷一空，如此反复震荡，持续了几个小时。震区的城市已经被地震摧毁成了废墟，又频遭海浪的冲刷。那些掩埋于碎石瓦砾之中还没有死亡的人们，却被汹涌而来的海水淹死。以蒙特港为中心的太平洋沿岸，南北800千米，几乎被洗劫一空。

海啸以每小时600千米的速度扫过太平洋，侵袭范围远达夏威夷、日本、菲律宾、新西兰东部、澳大利亚东南部以及遥远的阿拉斯加和阿留申群岛。如图3-4所示。在距震中1万千米的地方仍有10.7米高的巨浪。到太平洋彼岸的日本列岛浪高仍有6～8米。日本的本州、北海道等地都遭到了极大的破坏，数百人被突如其来的波涛卷入大海，几千所住宅被冲毁，2万多亩良田被淹没，15万人无家可归，港口、设施多数被毁坏。

强震还引起了6座休眠火山重新喷发，并出现了3座新火山。喷出的火山云高达6 000多米，遮天蔽日，持续了几个星期。

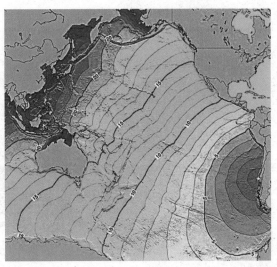

▲ 图3-4 智利大地震引发海啸波及范围与时间示意图

据统计，这次地震导致约5 700人死亡，200多万人无家可归，经济损失约6.8亿美元。

四、1985年墨西哥地震

1985年9月19日，在墨西哥的西海岸发生了里氏8.1级强烈地震，震源深度33千米。震后第三天，即9月21日又发生了里氏7.5级强余震，震中离墨西哥首都墨西哥城约400千米。可这两次地震却给远离震中的墨西哥城带来了巨大的灾难，导致1 229栋楼房倒塌，1万多人死亡，4万多人受伤，30余万人无家可归，经济损失达70多亿美元。墨西哥城遭遇的地震破坏有它的特殊性，多数公路、铁路、机场以及其他交通设施基本完好，伤亡主要来自楼房倒塌（图3-5）。

墨西哥城之所以遭遇如此巨大的破坏，根本原因在于其是建立在湖心岛上的城市。墨西哥（Mexico）意为"月亮湖的中间"，如此富有诗意的名字，一直是阿兹蒂克人的骄傲，然而，这个湖心中所建立的城市蕴藏着巨大的隐患与灾难。在

——地学知识窗——

海啸的分类

海啸分为遥地海啸和本地海啸（又称局地海啸）两类，以本地海啸为主。国际上一般用渡边伟夫海啸级表示海啸的大小，分为-1、0、1、2、3、4，共6级（对应的海啸波幅分别为≤0.5米、1米、2米、4～6米、10米、≥30米）。当海啸为1级时，就可能造成一定的经济损失，故1级和1级以上的海啸属于破坏性海啸或灾害性海啸。其中，2级以上海啸常造成人员伤亡，3级海啸可能会严重成灾，4级海啸可能成为毁灭性灾害。

▲ 图3-5 1985年墨西哥城大地震倒塌的房屋

1 000多年的岁月里，地面上升，人们围湖垦田，填湖造地，城镇不断扩大，人口不断增长，到1985年地震发生时墨西哥城已是一座人口高达1 800万的特大城市。然而，城市的许多建筑物地基却是由流沙、淤泥、黏土和腐殖土构成的，在地震波的侵袭下地基失稳，导致数以千计的房屋倒塌，造成重大人员伤亡。

过度汲取地下水也是墨西哥城受灾严重的原因之一。该市拥有1 800万人口和16万家工厂，90%的用水取自地下，每秒抽出的地下水达16立方米。墨西哥城是由湖泊沉积而成的封闭式盆地，南北两边是火山岩，地下水的过度开采使得坚硬岩石依托的地表处于悬空状态。当震动达到一定强度时，地表便严重塌陷。

墨西哥城的地震灾害给了我们警示：预防和减轻地震灾害必须注意建筑物、构筑物的地基状况，同时对于远震的影响也必须予以考虑。

五、1995年日本阪神地震

1995年1月17日，日本关西地区发生了里氏7.3级的大地震，地震震中位于濑户内海的淡路岛北部。震源深度约16千米，系直下型地震。地震时最大的地震动加速度达到8.18米/秒^2，巨大的作用力使大阪等城市向不同的方向移动1～4厘米，结果使几万栋房屋顷刻化成废墟，路面开裂，地基变形，铁轨弯曲，列车脱轨，拦腰折断的大楼倒下来将道路截断，断裂的高速公路从几十米的高处塌落下来（图3-6），地震引起的大火将神户市上空映得一片通红（图3-7）。

这次强震对日本阪神经济区主要城市神户造成了极为严重的震害。据资料统计，地震造成6 500余人死亡（其中

▲ 图3-6 地震中倒塌的高架公路

▲ 图3-7 1995年阪神地震引发大火

4 000余人是被砸死和窒息致死，占死亡人数的90%以上），约2.7万人受伤，近30万人无家可归，约10.8万幢建筑物毁坏；水电煤气、公路、铁路和港湾都遭到严重破坏。据日本官方公布，这次地震造成的经济损失约1 000亿美元，总损失占国民生产总值的1%～1.5%。这次地震死伤人员多、建筑物破坏多和经济损失大，是日本关东大地震之后72年来最严重的一次。

造成这场灾害的主要因素，一是地震的性质所致。城市直下型地震能量积累慢、周期长，就现代的条件基本无法预测。其震动方式特殊，垂直、水平均有振幅，烈度强，对城市的破坏性极大，而且神户市与震中距离近。二是地理环境因素和基础设施因素。城市大都建设在山坡、斜坡和人工填海造地上，经过强震，地基发生形变。城市抗震设防较差，使房屋（大都是20世纪80年代以前的建筑）、交通设施及生命线工程大量被毁坏，并引起火灾等次生灾害。三是对灾害准备不足。当时大部分日本学者认为关西一带不可能有大地震发生，导致该地区缺乏足够的防范措施和救灾系统，特别是神户周围有相当多交通要道都通过隧道或高架桥，地震时隧道受损严重，影响了搜救速度。在实际救援中，出现了救灾指挥体系不协调、救济物资供应混乱和火灾无法及时扑救等情况。

六、2004年印度洋大地震

2004年印度洋大地震（一般简称印度洋海啸或南亚海啸，科学界称为苏门答腊–安达曼地震）发生于当地时间2004年12月26日上午7时58分55秒，震中位于印尼苏门答腊岛西160千米，水下30千米深处（图3-8）。印度洋大地震达到里氏9.3级，仅次于1960年智利的里氏9.5级大

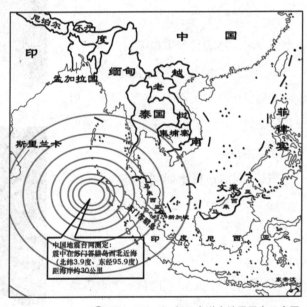

▲ 图3-8　2004年印度洋大地震震中示意图

地震，此次大地震持续时间达500秒，智利大地震则只有340秒。地震引发了高达30米的海啸（图3-9），波及范围远至波斯湾的阿曼、非洲东岸索马里及毛里求斯等国，地震及震后海啸对东南亚及南亚地区造成巨大伤亡，共造成超过30万人死亡或失踪，其中印尼死亡人数为23万人之多，斯里兰卡4万余人遇难，在印度夺去1万多人性命，泰国有超过8 000人死亡或失踪，索马里、缅甸、马尔代夫和马来西亚等国家和地区也都有人因此丧生。

——地学知识窗——

直下型地震

在大城市及其周围地下发生的地震称为城市"直下型地震"，这类地震往往会造成城市较大的损失。最典型的城市"直下型地震"是1976年的我国唐山地震和1995年的日本阪神地震。

▲ 图3-9　2004年印度洋大地震引发海啸

海啸是由地震引起海底隆起和下陷所致。海底突然变形，致使从海底到海面的海水整体发生大的涌动，形成海啸袭击沿岸地区。由于海啸是海水整体移动，因而与通常的大浪相比破坏力要大得多。受台风和低气压的影响，海面会掀起巨浪，虽然有时高达数米，但浪幅有限，由数米到数百米，因此冲击岸边的海水量也有限。而海啸就不同了，虽然海啸在遥远的海面只有数厘米至数米高，但由于海面隆起的范围大，有时海啸的宽幅达数百千米，这种巨大的"水块"产生的破坏力非常巨大，严重威胁岸上的建筑物和人的生命。这次印度洋大海啸在泰国沿岸把一艘50吨重的船从海边推到岸上1.2千米远的地方。从有关数据来看，当海啸高2米时，木制房屋会瞬间遭到破坏；当海啸高20米以上时，钢筋水泥建筑物也难以招架。

海啸的特征之一是速度快，地震发生的地方海水越深，海啸速度越快。海水越深，因海底变形涌动的水量就越多，因而形成海啸之后在海面移动的速度也越快。如果发生地震的地方水深为5 000米，海啸速度和喷气飞机速度差不多，每小时可达800千米，移动到水深10米的地

——地学知识窗——

国际海啸预警系统

国际海啸预警系统是美国国家海洋和大气局1965年开始启动研究的，后来，太平洋地震带的一些北美、亚洲、南美国家，太平洋上的岛屿国家、澳大利亚、新西兰、法国和俄罗斯等国都先后加入。该系统由地震与海啸监测系统、海啸预警中心和信息发布系统构成，其中地震与海啸监测系统主要包括地震台站、地震台网中心、海洋潮汐台站。

国际海啸预警系统把参与国家的地震监测网络的各种地震信息全部汇总，然后通过计算机进行分析，并设计成电脑模式，大致判断出哪些地方会形成海啸，其规模和破坏性有多大。基本数据形成后，系统会迅速向有关成员国传达相关警报。而一旦海啸形成，该系统分布在海洋上的数个水文监测站会及时更新海啸信息。

我国在1983年就加入了国际海啸预警系统，目前已有国家和地方两级地震监测网，国家海洋局在海岛和近岸也建立了大量的海洋监测站和浮标站。海啸预警机制已经初步建立，基本具备预警能力。

方, 时速放慢, 变为40千米。由于前浪减速, 后浪推过来发生重叠, 因此海啸到岸边波浪升高, 如果沿岸海底地形呈V字形, 海啸掀起的海浪会更高。

海啸在遥远的海面移动时不为人注意, 以迅猛的速度接近陆地, 达到海岸时突然形成巨大的水墙, 当人们发现它时再逃之时已晚, 所以一旦发生地震要马上离开海岸, 到高处安全的地方。

此次地震和海啸之所以会造成重大伤亡, 是由于当地人已超过百年没遇过海啸, 苏门答腊岛海岸乃至整个印度洋海岸上次遭遇海啸是在1883年喀拉喀托火山 (Krakatoa) 爆发时所导致的海啸。当地民众对海啸缺乏认识, 更不用说从各种先兆预知海啸将至了。而印度洋沿岸各国 (地区) 也不太重视海啸的威胁, 没有建立有效的海啸预警系统。

七、2010年海地地震

当地时间2010年1月12日16时53分, 加勒比岛国海地发生里氏7.3级大地震, 震源深度10千米。震中距海地首都太子港仅16千米 (图3-10),

太子港及其邻近地区遭受严重破坏 (图3-11), 全国大部分地区受灾情况严重。地震共造成超过30万人死亡。

海地位于西印度群岛第二大岛伊斯帕尼奥拉岛西部, 是全球最不发达国家之一, 经济主要以旅游业为主。全国人口约900万, 多数为贫困人群, 他们的居所并不牢固。对于这样一个缺少经验和准备的贫困国家来说, 地震这样的可怕事件无疑会在一夜之间让其坠入地狱。在海地主

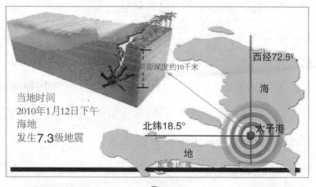

▲ 图3-10　2010年海地地震方位

▲ 图3-11　地震后的太子港满目疮痍

干道德尔马斯路两旁，大部分房屋都已倒塌。惊慌失措的居民挤满了街道，拼命在废墟中寻找失踪的亲属。位于首都太子港的公共建筑和设施被地震摧毁，其中包括海地总统府、财政部、公共事务部、通信与文化部等政府建筑。与此同时，位于太子港的大教堂也被震塌。当地通信和电力供应受到严重影响。

海地所在的加勒比诸岛位于加勒比板块与北美板块的交界地带，是地震活跃地区，历史上曾多次经历过破坏性地震。虽然地震学家早就已经意识到，由于地处主要断层带，加勒比地区非常危险，但是尚不能准确预测大规模地震发生的时间。专家常说，地震本身不会杀人，（地震中）倒塌的建筑物才会杀人。如果建筑物的质量足以应付强烈的地震晃动，震灾的惨剧即使不能完全避免也会大大减轻，这需要科研人员、工程师和政策制定者通力合作。确保建筑物质量合格非常重要，尤其对邻近主要活跃断层的城市而言更是如此。

八、2010年智利地震

2010年2月27日，智利发生了里氏8.8级强烈地震，震中位于智利西海岸的康塞普西翁，也即是1960年智利大地震的地方。地震引发了海啸，但由于预防得当，地震和海啸并没有造成重大损失，总共导致799人死亡。

此次地震与一个半月之前的海地地震形成了鲜明对比，智利地震震级比海地地震高得多，有专家称，智利地震的破坏性堪比100个海地地震，地震造成的危害却远远小于海地地震。这是一场世纪浩劫，也是个抗震奇迹。

造成这一奇迹的原因是多方面的，预防到位、救援有序是最主要的原因。1960年大地震后，智利强化了建筑规范，规定了更严格的建筑物抗震标准，法律规定所有建筑按抗9级地震设计，并督促施工企业认真完成。智利广泛采用"强柱弱梁"的抗震设计（图3-12）。这一设计理

▲ 图3-12 建筑物因为"强柱弱梁"的设计而屹然不倒

念是为了特大地震发生时，通过梁的断裂来缓冲地震能量——但是柱不会断，尽可能保证楼房不会整体倒塌，从而在最大限度上减少伤亡。此次地震中，许多被破坏的房屋或坏而不倒，或倒而不全毁，给屋内人员以自救、互救的契机，挽救了众多生命。

此次地震震源较深，威力较小。深源地震虽然杀伤力差一些，但发生在海中的深源地震会造成海啸。地震发生后，太平洋海啸预警中心在第一时间发布了海啸预警，从复活节岛、塔希提岛直到俄罗斯远东地区，都迅速作了准备，其中美国加州太平洋沿岸的圣玛特奥、蒙特雷和圣克鲁斯海滩被关闭，夏威夷海啸预警延续2小时并一度造成恐慌；日本疏散了青森、岩手、宫城等县沿海地区逾5万居民；法属波利尼西亚和塔西提将居民迁移到高地，关闭学校，封锁大多数道路，以防万一。先后有59个太平洋国家、地区发布海啸预警。

政府有序救援，未现大的混乱。地震后，政府迅速运作，有效管控局面。政府派军队协助警察打击抢劫犯，控制受灾严重的城市。

九、2011年日本大地震

2011年3月11日，当地时间14时46分，日本东北部海域发生里氏9.0级地震并引发海啸，造成重大人员伤亡和财产损失。如图3-13所示。地震震中位于宫城县以东太平洋海域，震源位于海下10千米处，东京有强烈震感。地震引发的海啸影响到太平洋沿岸的大部分地区，造成日本福岛第一核电站1～4号机组发生核泄漏事故。此次地震是日本有地震记录以来发生的最强烈地震，与俄罗斯远东地区堪察加半岛1952年地震震级相同，成为1900年以来全球第四强震。此次地震所释放的能量大约相当于四川汶川大地震的30倍。

此次大地震为在板块交界处发生的逆断层型地震，系由太平洋板块和北美板

▲ 图3-13　日本地震过后一片狼藉

块的运动所致。太平洋板块在日本海沟俯冲入日本下方，并向西侵入亚欧板块。太平洋板块每年相对于北美板块向西运动数厘米，正是运动过程中的能量释放导致此次大地震。

此次地震共造成14 000多人死亡，11 000多人失踪，地震还造成严重的次生灾害，引发20多米高的海啸在东日本沿岸纵深5千米范围肆虐了数小时，将汽车、渔船推上了楼房的房顶。受大地震影响，日本福岛第一核电站发生放射性物质泄漏，随后1号机组发生氢气爆炸。日本政府把福岛第一核电站人员疏散范围由原来的方圆10千米上调至方圆20千米，把第二核电站附近疏散范围由3千米提升至10千米。国际原子能机构说，日本从两座核电站附近转移了17万人。日本原子能安全保安院根据国际核事件分级表将福岛核事故定为最高级7级。据估计，该电站1～4号核反应堆的处理作业需要30年以上时间，处理结束至少要到2041年以后。

——地学知识窗——

逆断层型地震

当地下的岩层受力达到一定程度而发生破裂时，就会出现断层。断层沿着破裂面有明显相对位置移动而引发的地震，叫作断层型地震。

逆断层是指断层形成后，上盘上升而下盘相对下降的断层。这类断层主要由水平挤压形成。逆断层型地震是在太平洋发生的板块交界处地震的典型模式。在日本近年发生的地震中，2007年3月的能登半岛海域地震、同年7月的中部新潟地震以及2008年6月的岩手-宫城内陆地震等都属于逆断层型地震。

欧亚地震带上的地震

一、1908年意大利墨西拿地震

墨西拿是西西里岛第二大城市，位于该岛东北端，隔着墨西拿海峡与意大利本土相望。墨西拿是一座有着两千多年历史的古城，最早由古希腊殖民者于公元前8世纪建立。在1908年12月28日发生灾难性事件以前，墨西拿是一座以风光旖旎闻名的城市。在当时的意大利有一个说法——意大利最美的城市不是威尼斯，也不是佛罗伦萨，而是西西里岛上的墨西拿。

1908年12月28日，源自西西里岛墨西拿海峡底部的大地震，刹那间让海峡两岸的墨西拿市和卡拉布里亚市的建筑物强烈地抖动摇晃起来。墨西拿市区更靠近震中，所以损失更为惨重，富丽堂皇的钟楼、教堂、戏院相继坍塌，所有建筑物均化为废墟。地震还使得海峡两岸的陡峭悬崖纷纷坍塌坠落海中。近海掀起局部浪高达到12米的巨大海啸，巨波激浪横扫海岸直冲市区，使墨西拿再次遭遇横祸。如图3-14所示。

当时，墨西拿大主教被埋在倒塌的宫殿下，但5天后，他幸运地获救了，而其他很多刚从废墟中爬出来的人却在转瞬间又被涌进市区的巨浪卷走。经过海浪的来回扫荡，整个墨西拿市区、港口以及周边40多个村庄遭受了前所未有的浩劫。墨

▲ 图3-14　1908意大利墨西拿大地震

西拿遭到欧洲有史以来最严重的地震破坏，古城历经地震和海啸，化为湿漉漉的一片废墟，甚至大地都下陷了约半米。

此次地震和海啸在西西里以及意大利其他南部地区造成了十几万人的死亡，其中墨西拿市的死难者就达8.3万多人。更糟糕的是，随之而来的饥饿和疾病夺去了更多人的生命，好在整个意大利乃至世界各国很快从这个灾难中清醒过来，在意大利本土死里逃生的国王和王后带领着人们抢险救灾，而法国、希腊、阿根廷等国政府捐助了大量的救灾款，甚至遥远的美国也捐款80万美元。已经面目全非的墨西拿依靠着历史遗留下来的图纸和记录一点点重建，历经几十年，才恢复了原有的风貌。

二、1988年亚美尼亚地震

1988年12月7日，苏联南部的亚美尼亚地区发生了里氏6.9级地震，4分钟之后又发生了规模达里氏5.8级的余震。地震使亚美尼亚的两座城市列宁纳坎和斯皮塔克变成了瓦砾堆。如图3-15所示。

斯皮塔克镇被完全夷平，全镇2万居民大多数罹难。在离

震中48千米的亚美尼亚最大城市列宁纳坎（现名居姆里，亚美尼亚第二大城市），4/5的建筑物被摧毁；在附近的基洛瓦坎城，几乎每幢建筑物都倒塌了。地震发生时，人们正在办公室或车间工作，学生们正在课堂上学习，他们中许多人未能幸免于难。从列宁纳坎市的一所小学校的废墟中一次就运出了50多具儿童的尸体，痛不欲生的家长们在这里哭泣着寻找着自己的孩子，一些还活着的人们在瓦砾中呻吟着呼救。地震造成的破坏遍及约1.03万平方千米的区域。官方公布的死亡人数为5.5万，而据其他资料来源估计，死亡人数接近10万，大约50万人无家可归。

此次地震的震级并不高，造成如此巨大的破坏实属罕见。这次地震不仅引起国际社会的关注，而且也引起国际地学界

▲ 图3-15　1988年亚美尼亚地震过后场景

的普遍重视。欧洲地震中心、美国、日本和法国等国先后派出了地震学家、抗震工程学家到地震现场考察。约有150位专家在地震现场从事地震观测，进行地震构造区划以及评定规划新建筑的可能性；有30个外国地震台站和大体相同数量的苏联台站在亚美尼亚境内工作过。可以说是首次在广阔区域内组织起了大规模的国际性地震考察。

此次地震造成严重伤亡的根本原因是建筑物质量低下。尽管亚美尼亚位于欧亚地震带上，但当地居民并不重视建筑物的抗震问题，许多建筑物根本没有抗震能力。这次地震中，多数20世纪60年代建造的低层建筑物没有倒塌，而此后20年来建造的高层建筑物却倒塌了许多，原因是这些新建筑物质量太差。不法建筑者在建造过程中偷工减料，钢筋混凝土柱强度不高，钢筋用量不足或根本不用钢筋，再加上混凝土中水泥少而沙多，水泥质量也不过关，地震时混凝土筑件本身就先被震成粉碎状，致使建筑物倒塌。苏联领导人戈尔巴乔夫在灾区视察时严厉斥责不法建筑者，并指示政府成立一个委员会调查此事，追究无视建筑抗震设计的不法建筑者的责任。另外，该地区

的建筑物大半根据PC工程法即用预制件现场装配的方法。这种结构的抗震性能差，地板和天花板在纵向摇晃中呈浮起状态，而后在横向力作用时一下子就倒塌了。

当局对地震缺乏准备，人们在灾害面前惊慌失措，备震防灾意识淡薄，更没有制定抗震防灾措施，这也是导致灾害严重的原因之一。亚美尼亚对这次灾难毫无准备，没有合适的救援设备。在从其他地方运来器械之前，人们只能徒手进行抢救工作，最终导致了严重伤亡。

三、1999年土耳其伊兹米特地震

1999年8月17日凌晨，土耳其西部的伊兹米特地区发生里氏7.8级强烈地震，震源深度约17千米。地震造成大规模地表破裂，破裂带长达180千米，最大宽度57米，最大水平错距5米，最大垂直错距1.5米。受灾面积约15万平方千米，约占其国土面积的1/5。地震导致1.8万人丧生，4.3万多人受伤，近300万人无家可归，经济损失超过200亿美元。

建筑质量较差是这次强烈地震发生时造成许多楼房倒塌、导致重大人员伤亡的一个主要原因。从20世纪80年代初期开始，土耳其经济发展较快，不少建筑承

包商为了赚取更多的差价而购买质量较差的建筑材料，并盲目追求建筑速度，土耳其大批居民楼便是这样建成的。以伊斯坦布尔市为例，尽管该市位于地震中心，但地震造成的伤亡绝大部分发生在建筑质量问题较多的近郊新兴地区，老城大部分地区并未受到太大的破坏，绝大部分建筑物完好无损，商店、饭店照常营业，地处市中心的旅游景点在地震中几乎没有受到损坏，世界闻名的圣索菲亚大教堂和蓝色清真寺附近，仍能看到众多外国游客。

防灾准备不足，救援工作不力是此次灾难的另一个重要原因。尽管土耳其政府早有统一的防震减灾应急预案，但形同虚设，在这次地震中仍表现出对灾害准备不足，震后采取救援措施不力的情况，震后头两天人们只能采取自救和互救的方式抗御灾害（图3-16），震后第二天，重灾区的一些村庄仍然没有得到任何援助。由于地震对政府建筑和人员造成极大的破坏，故政府官员迟迟未能出面组织救灾工作。

▲ 图3-16　伊兹米特地震后民众在废墟中搜寻幸存者

四、2001年印度古吉拉特地震

2001年1月26日早晨8点46分，位于印度西部的古吉拉特邦发生里氏7.9级强烈地震，地震持续了40多秒钟。地震的震源深度约为22千米，因此破坏性极大。幸运的是震中远离人口密集的大城市，当地最大的城市普杰市只有15万人口，另外有几个有数万人口的小城镇。

尽管如此，地震还是造成了严重的灾难。震中较近的普杰市和其他几个城镇的建筑物均遭到了毁灭性的破坏。古吉拉特邦的通信系统在地震当天基本陷于瘫痪；库奇地区的电力设施、煤气管道和输水管道也受到了严重破坏，铁路、公路均遭到破坏。地震中有大量房屋倒塌，在重灾区内，数百幢大楼像扑克牌一样倒塌，映入人们眼帘的是一堆堆钢筋混凝土组成的废墟。在倒塌的房屋中，大多是近几年才拔地而起的高层建筑，老建筑反而较为牢固。如图3-17所示。

🔺 图3-17 2001年古吉拉特地震中倒塌的房屋

这是印度50年来发生的一次最大的地震，死伤惨重，共造成超过16 480人死亡，10万多人受伤，数十万人无家可归，经济损失达数十亿美元。据估计，作为印度最富庶地区之一的古吉拉特邦经济至少倒退了20年。地震还波及邻国巴基斯坦，也使尼泊尔和孟加拉国出现程度不同的恐慌。

这次地震造成的经济损失虽然远远小于日本的阪神地震和中国台湾的集集地震，但毁灭程度却远远大于上述两个地震，恢复生产和重建家园的工作十分繁重。

古吉拉特地震给人们留下了惨痛的教训。设在海得拉巴的印度国家地球物理研究所2001年1月26日对外公布此次地震的震级为里氏6.9级，直到28日才更正为里氏7.9级，致使政府对灾情估计不足，印度政府有关部门一开始估计死亡人数仅200～500人。30日印度总理瓦杰帕伊在视察地震灾区时不得不承认印度政府对地震灾情估计不足，重视程度不够。由此可见，对地震震级的准确测定极其重要，它将直接影响政府对救灾工作的决策。

缺少地震应急反应预案，使救灾工作不得章法。印度位于南亚大陆，是地震多发区，但却没有一个制定应付严重自然灾害政策的专门机构和地震应急预案。面对突如其来的地震，政府有关部门的救灾工作不得章法，措施不利。1月26日恰是印度国庆日，全国放假。尽管已知发生了大地震，但首都新德里仍像往年一样举行了隆重的阅兵式，印度政府官员在阅兵式结束后才召开紧急内阁会议，讨论救灾事宜。印度政府有关部门也多少有些措手不及，救援机构、医疗部门没能及时到位。缺医少药、救灾设备不足、缺乏训练有素的专业救灾人员、救灾物资全面匮乏等问题，使等待救助的人们的生命平白流逝，民众对此极为不满。

民众缺乏防震意识，疏于防范。虽然当地经济快速发展，但是建筑物的抗震能力并没有随之提高，民众也缺乏应对地震的知识和经验。在普杰市，人口密集的老城区只有为数不多的居民及时逃出屋外而幸免于难，大多数人则被埋入废墟。在一千多个受灾的村庄中，竟有上百个被夷为平地。

海岭地震带上的地震

在大西洋、印度洋、太平洋东部、北冰洋和南极洲周边的海洋中，成带分布着许多中、小型地震的震中。这一地震震中分布的条带绵亘6万多千米，与大洋中的海岭位置完全符合，它是全球最长的一条地震带，叫作海岭地震带。

海岭地震带分布在环球海岭的轴部和两海岭之间的破碎带上，大陆上的加利福尼亚和东非地震带可能是海岭地震带的延伸。海岭地震带的特点是宽度很窄，一般只有数十千米。该区的地震是由于漂移的板块之间发生碰撞或挤压而造成，地震的强度不大，最强不超过里氏7级，而且皆为浅震。但是由于这里的地壳很薄，因此与大陆浅震不同，海岭地震发生在地幔顶部，而不是发生在地壳里。

1998年1季度，全球海岭地震带共发生5次里氏6级以上地震，其中北大西洋和格陵兰海各1次、印度洋1次、巴勒尼群岛及澳大利亚以南各1次。后两者相距较近，可能是主震同余震。

1998年3月25日，巴勒尼群岛（图3-18）发生里氏8.0级地震，这是一次海岭地震带罕见的强震，其震中位置并不在南极洲的范围之内，而是位于麦夸里岛西南方，巴勒尼群岛的西北方。此处是深海地区，不是南极洲的大陆架，也不是正好位于过去洋脊地震的密集带上，而是稍有偏离。考虑到南极洲的地震活动较弱，这

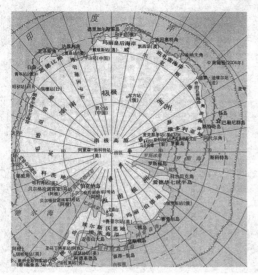

▲ 图3-18　巴勒尼群岛位置

一次罕见的里氏8级地震应当划归全球海岭地震带，属印度洋海岭的东南支。

　　这是一个在地球物理和全球板块构造上非常重要的地区。这里是太平洋-南极海岭、印度洋海岭东南支、大洋岛弧带板块边界的汇合点，也是太平洋板块、印度-澳洲板块、南极板块这三大板块的连锁地带，在全球地球物理场的变化中应是一个非常敏感的地区。由于该区远离大陆，地震没有对人类造成危害。

　　上述地震灾害实例充分说明，地震灾害不仅仅与地震的震级和烈度、建筑物的抗震能力、建筑场地条件（断层、软弱地基等）有关，而且与民众的防震减灾意识和知识密切相关。民众的防震减灾意识是软件，建筑物抗震能力则是硬件，防震减灾过程中，只有软、硬件搭配得当才能起到最好的效果。

　　民众的防震减灾意识是基础，只有牢固树立防患于未然的意识，认真考虑建筑物的结构、材料、场地条件等情况，赋予建筑物相应的抗震能力，加上必要的应急准备（制订应急预案、准备必要的应急场地和物质等），掌握正确的自救、互救知识，当真正遇到地震时才能不慌乱，采取正确有效的措施减小损失。建筑物的抗震能力则是影响地震危害大小的直接因素，具有高等级抗震能力的建筑物能有效减小地震对人员和财物的危害。

Part 4

中国地震扫描

　　所处的地理位置及大地构造格局决定了我国是个多地震的国家，自古以来，我国人民深受地震灾害之苦，同时也一直与地震灾害展开不懈的斗争。本章主要介绍我国地震的分布、我国地震的特点，以及历史上发生的强震。

2008·5·12

　　我国的历史典籍对地震现象和地震灾害早有记载。《周语》中记载："幽王二年，西周三川皆震……是岁也，三川竭，岐山崩。"说的是公元前780年（周幽王二年）的陕西岐山地震，震级估计为里氏7.0级左右，震中烈度推测高于Ⅸ度。另一次大地震是公元前70年6月发生于山东诸城昌乐一带的地震，震级估计为里氏7.0级，震中烈度推测为Ⅸ度。《汉书·五行志》中记载："本始四年四月壬寅地震，河南以东四十九郡，北海琅琊坏祖宗庙城郭，杀六千余人。"以后历朝历代史书如《灾异志》《五行志》中记载了大量的地震事件，为我们研究地震历史提供了极其宝贵的资料。

中国地震的特点

　　我国是世界上地震活动水平最高、地震灾害最重的国家之一。我国地震的主要特点是分布范围广、频度高、强度大、震源浅、危害大。

　　据1990年编制的《中国地震烈度区划图》（图4-1），7度区面积为320万平方千米，占全国陆地面积近1/3。

　　从地震发生位置的地理环境看，地震可分为海洋地震和大陆地震两大类，其中海洋地震约占85%，大陆地震占15%。但由于大陆是人类主要的聚居地，因此，地球上的地震灾害绝大部分来自大陆地震。根据20世纪以来的地震灾害统计，大陆地震所造成的灾害约占全球地震灾

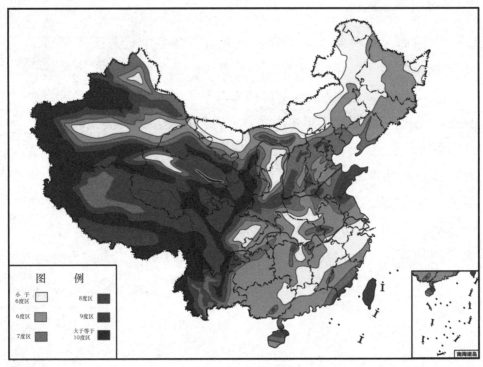

图4-1　中国地震烈度区划

害的85%。

　　而我国恰恰是大陆地震最多的国家。根据20世纪以来的资料统计，我国地震约占全球大陆地震的33%。我国平均每年发生里氏5级以上地震30次，里氏6级以上强震6次，里氏7级以上大震1次。我国不仅地震频次高，而且地震强度极大。20世纪我国发生的面波震级大于等于里氏8.5级以上的特别巨大地震就有2次，即1920年宁夏海原里氏8.6级地震和1950年西藏察隅里氏8.6级地震。我国31个省、市、自治区中，除贵州、浙江和香港三地之外，其余各省均发生过里氏6级以上强震。而且我国的地震普遍震源很浅（一般只有10～20千米），因而构成了我国地震活动频度高、强度大、分布广、震源浅的特征。另一方面，我国作为发展中国家，人口稠密、建筑物抗震能力低。因此，我国的地震灾害可谓全球之最。20世纪以来，全球因地震而死亡的人数为110多万人，其中我国就有59万人之多，为全球的一半。1556年我国陕西华县8级特大地震是世界历史上死亡人数最多的地震之一，强烈的地震殃及185个县，死亡83万

——地学知识窗——

地震烈度区划图

地震烈度区划是根据国家抗震设防需要和当前的科学技术水平，按照长时期内各地可能遭受的地震危险程度对国土进行划分，以图件的形式展示地区间潜在地震危险性的差异。国际上大致有三类地震烈度区划图：

第一类，以苏联戈尔什可夫编制的苏联区划图为代表，它以宏观烈度为区划标志，根据历史地震和地震地质资料编制；

第二类，以日本地震学家河角广编制的日本地震烈度区划图为代表，它以历史地震资料为依据，考虑地震发生频率，用地面加速度峰值等值线勾绘；

第三类，用科内尔提出的地震危险性分析方法，以阿尔杰米森和珀金斯编制的美国地震区划图为代表。

2001年，我国颁布了《中国地震动参数区划图》，规定用地震动峰值加速度逐渐取代地震基本强度。

人。20世纪以来，我国就发生过两次死亡20万人以上的大地震。一次是1920年宁夏海原里氏8.5级特大地震，死亡23.4万人；另一次是1976年唐山里氏7.8级大地震，死亡24.2万人，伤残16万人，经济损失超过100亿元人民币。我国历史上死亡人数较多的几次大地震见表4-1。

表4-1　　　　　　　　我国历史上死亡人数较多的几次地震

时　间	地　点	震　级	死亡人数
1303年	山西洪洞	里氏8.0级	20多万
1556年	陕西华县	里氏8.0级	83万
1668年	山东郯城	里氏8.5级	4万
1739年	宁夏平罗	里氏8.0级	5万
1920年	宁夏海原	里氏8.5级	23.4万
1976年	河北唐山	里氏7.8级	24.2万
2008年	四川汶川	里氏8.0级	8.7万

我国地震频发的事实是由于我国特殊的大地构造位置造成的。我国大陆地处亚欧板块的东南部，东面是巨大的太平洋板块，东南方向是菲律宾板块，西南方向是印度板块。太平洋板块和菲律宾海板块朝西北方向俯冲，插到我国大陆下面，致使我国大陆和台湾地区的岩石圈处于高强应力作用之下，形成环太平洋地震带的一部分。印度板块自南向北碰撞，致使喜马拉雅山脉不断隆升，同时使青藏高原一直处于高压之下，形成青藏高原地震带。我国大陆内部许多断裂带的形成和活动多与周围的板块运动有关，我国频繁而强烈的地震活动是这种格局下板块运动的结果。

——地学知识窗——

中国历史上发生的主要海啸

根据可查的历史资料，中国在公元前47年到2002年期间共发生29次海啸。1781年发生在台湾地区的海啸导致4万人死亡，被认为是中国历史上最严重的一次海啸灾难。尽管中国的大陆架、岛屿等地质构造有些特殊，因而受外洋的海啸影响较小，但国际上仍将中国划为海啸危险区之一。有专家认为，中国东部有四个主要地震海啸冲击危险区，即京津唐、苏北、南黄海地区和台湾地区。

中国的地震带

中国位于世界两大地震带——环太平洋地震带与欧亚地震带之间，受太平洋板块、印度板块和菲律宾海板块的挤压，地震断裂带十分发育。20世纪以来，中国共发生里氏 6 级以上地震800多次，遍布除贵州、浙江和香港特别行政区以外所有的省、自治区、直辖市。

我国的地震活动主要分布在5个地区的23条地震带上（图4-2），这5个地区是：台湾省及其附近海域；西南地区，包括西藏、四川中西部和云南中西部；西部地区，主要在甘肃河西走廊、青海、宁夏以及新疆天山南北麓；华北地区，主要在太行山两侧、汾渭河谷、阴山-燕山一带、山东中部和渤海湾；东南沿海地区，广东、福建等地。

▲ 图4-2 中国强震及地震带分布

中国历史上的强震

一、1556年陕西华县大地震

公元1556年1月23日（明世宗嘉靖三十四年十二月十二日）午夜子时，处于关中地区的陕西华县发生了一次强烈的地震。这次地震是中国历史上最为强烈的地震之一，震中位于渭河下游的渭南、华县、华阴、潼关和山西的永济一带，波及陕西、甘肃、山西、河南、宁夏、河北、山东、湖北、安徽、江苏等10省区。现代科学家根据前人关于地震情况的记载，利用现代化的技术对渭南等地区的地质状况进行实地考察后推断，地震强度为里氏8.0~8.3级，震中位置在今陕西华县（北纬34.5°，东径109.7°），震中烈度高达XII度。根据《明史》记载，此次地震"官吏军民压死八十三万有奇"（《明史》卷三十《五行志》），是全世界有史以来死亡人数最多的地震之一。由于本次地震的震中在关中

华县，习惯上将这次地震称为"关中大震"或者"华县大地震"。

这次地震的发生地华县所属的陕西关中地区，平原沃野，人口稠密，是我国古代文明发祥地之一。地震死亡人口之多，是古今中外地震史上极其罕见的。重灾区面积达28万平方千米，分布在陕西、山西、河南、甘肃等省区，地震波及大半个中国，有感范围远达福建、两广等地。

作为关中大地震的震中地区，华县及其周边地区的灾情十分严重，根据记载，该地区"川原坼裂，郊墟迁移，或壅为岗阜，或陷做沟渠，山鸣谷响，水涌沙溢。城垣、庙宇、官衙、民庐倾圮十居其半，军民被害，其奏报有名者八十三万有奇，不知者复不可数计"（《华阴县志》，清康熙五十二年刊）。

不但主震区损毁严重，就连邻近的

省份也损失惨重，如山西夏县、运城县（现运城市）、荣河县、永济县（现永济市）等，或房倒屋塌，或地陷山裂，人畜死伤无数。《碧霞无群圣母行宫记·地震记》记载："平阳府夏县，四门陷塌，井水沸溢，官民房屋倾颓，压死男妇数多。城内土长约高丈余，平地出水。安邑县衙门尽塌，民房约倒八分，压死人口万余，头畜无其数；城西半里崩出水泉十数余眼。荣河县地裂成沟，泉水如河。莆州两王宗室、城墙、官民房屋尽行倒塌，又兼数处火起"。

伴随着地震，地裂、地陷、山崩、滑坡、水患、火灾等次生灾害相继发生。如"华州处处陷裂，大者出水出火，人坠其中，掘丈余方得，山川移易，道路改观，屹然而起者成阜，砍然而下者成壑，倏然而涌者成泉，忽然裂者成涧"（《中国地震资料年表》）。渭南、潼关、蒲城等地地裂现象也十分严重。此外，泉水变化、树木翻倒移置和阡陌更反的现象，更是不胜枚举。

渭河流域自古以来就是人口稠密的地区，以上灾害的同时发生，再加上地震发生的时间为午夜时分，人们正处于熟睡之际，使得本次地震中死亡人数众多。渭

南、华县、华阴、潼关、蒲城等地死去的人口占总人口的比例，分别达到了50%、60%、60%、70%、70%。秦可大在《地震记》中记载："受祸人数，潼、蒲之死者什七，同、华之死者什六，渭南之死者什五，临潼之死者什四，省城之死者什三，而其他州县，则以地之所剥剔近远分深浅矣。"（《地震记》，见清康熙七年高廷法编《咸宁县志》）

地震的发生必然导致人员的伤亡以及经济的损失，但关中大地震的灾情极为严重，这是由多方面的原因共同造成的：

一是地震发生时间方面的原因。此次地震发生在午夜凌晨时分，多数人正处于熟睡状态，从睡梦中惊醒，来不及采取恰当的措施保护自己。

二是地质构造方面的原因。地震是地下深处的运动所引起的，所以它与地质构造和地形有一定的关系。根据相关人员研究，渭河谷地是一个东西向的低地，其南边是急剧隆起的秦岭，相对高差在2 000米左右。地面高低相差悬殊的地形在地壳运动时，发生断裂的概率远远大于相对平整的地区。更为重要的是，这一地区的土壤属于黄土，土质疏松，容易崩

塌，一旦地震发生，后果十分严重。如图4-3所示。

三是房屋结构方面的原因。自古以来，渭河流域的居民大多居住在黄土塬的窑洞之中，这种结构的房屋在平时冬暖夏凉，极为舒适，可一旦有剧烈的地震发生，十分容易倒塌。1556年地震的事实也证明了这一点，多数死亡人员都是被倒塌的房屋和建筑等压砸而死。

△ 图4-3 地震引发陕西华县地表形变

四是人口密度方面的原因。渭河是黄河的支流，地震中心区域属于中华文明的摇篮黄河流域，自古以来，该地区农业发达，因此人口密度较高。《中国人口·陕西分册》根据史料记载统计，明孝宗弘治四年（1491）时，陕西有户数238 500户，人口3 042 954口；到了明神宗万历六年（1578）时，陕西有户数306 773户，人口3 501 607口（《中国人口》陕西分册，中国财政经济出版社，1988年），人口增长变化不大，说明嘉靖年间陕西的人口也就在300万~350万之间。而这些人口大多数居住在关中地区。这样高密度的人口聚集地，是地震发生后死伤人数较多的另一个原因。

五是次生灾害方面的原因。黄土滑坡和黄土崩塌造成了黄河的堵塞，形成了堰塞湖而使河水逆流。地裂缝、沙土液化和地下水系的破坏，使灾情进一步扩大。震后水灾、火灾、传染性疾病等次生灾害对百姓生命的威胁并不次于地震本身。

六是政府举措方面的原因。地震发生时，正值隆冬季节，人民缺衣少食，无家可归，没有自救和恢复能力。而明朝政府和官员面对这样严重的灾情，并没有制定出切实可行的方案来安置灾民，恢复秩序。地震中得以幸免于难的百姓在长久的等待后，大批地死于对政府的失望之中。据史料记载，死亡人口上万的县，西起泾阳，东至安邑；死亡人口上千的县，西起平凉，北至庆阳，东至绛县。

二、1920年宁夏海原地震

1920年（民国九年）12月16日，中国宁夏南部海原县和固原县（当时属甘肃省管辖）一带发生里氏8.5级特大地震，极震区烈度达最高的ⅩⅡ度。震中位于海原县县城以西哨马营和大沟门之间，地震共造成28.82万人死亡，约30万人受伤。全球共有96个地震局监测到此次地震，余震持续了3年时间。此震为典型的板块内部大地震，重复期长。

有感范围远达上海、北京、汕头、香港，甚至连越南海防的摆钟也因此停摆。日本东京放大倍数仅为12倍的地震仪也记录到环绕地球的面波。这是中国历史上有感地震波及面最大的一次。地震时震中区出现了长达200多千米的断层带，走向为北西—北西西，主要是左旋平推错动，也有垂直向错动。这次地震是中国用现代科学观点进行调查的第一次，它促使中国地学工作者开始研究中国地震。

海原地震的震中烈度之所以被定为ⅩⅡ度，一个重要原因是在震中和极震区范围内，出现了普遍而强烈的构造变形带和各种各样规模巨大的其他现象，银川以北接近蒙古沙漠的长城被地震切断，黄土高原地貌大变，高崖断成了沟谷，连山裂开了巨口，平地出现了小湖。

由于地震发生在交通闭塞，几乎与世隔绝的六盘山山区，当时军阀混战、兵荒马乱，北洋军阀对巨大的地震灾难无能为力，加上正逢冬令，天寒地冻，灾民又继续死于冻伤、饥饿、瘟疫之中。据当时《陕甘地震记略》一文报道，大震后灾区人民"无衣、无食、无住，流离惨状，目不忍闻；苦人多依火炕取暖，衣被素薄，一日失所，复值严寒大风，忍冻忍饥，瑟瑟露宿，匍匐扶伤，哭声遍野，不特饿殍，亦将强比僵毙，牲畜死亡散失，狼狗亦群出吃人"。这就是当时海原大地震灾区惨况的真实写照。图4-4所示为海原地震震中西安乡遗址。

▲ 图4-4　海原地震震中西安乡遗址

三、1950年西藏墨脱地震

西藏墨脱地震发生于1950年8月15日，地震规模里氏8.6级，震中最大烈度Ⅻ度，此次地震是聚合板块边缘碰撞引起的，与1897年的印度阿萨姆地震相似。这是新中国成立后境内最大的一次地震。

发生地震的当晚，有的人刚刚吃过晚饭，有的人已经进入梦乡。突然从远方传来"隆隆"的声响，紧接着地动山摇，一场天翻地覆的大地震，给墨脱大峡谷中的各族人民带来一场空前浩大的生死劫难，就在这一瞬间，峡谷上下所有木结构和石木结构的民宅、寺庙和公用设施悉数倒塌。地震引起了广泛的山崩和滑坡（图4-5），耶东、格林等4个村庄随着山崩体滑入江中或被山石掩埋。雅鲁藏布江干流至少有3处被倒塌的山体拦腰截断，从两侧崖壁上崩落的巨石像洪流一般冲了下来，一路上翻滚腾跃相互撞击，山坡上电光石火迸发，推毁了房屋、道路、田地、人畜和成片的原始森林，山体上出现了数十至数百米长、数米宽的地裂缝，整个峡谷笼罩在昏暗的烟雾之中。

这次特大地震还使两座雪峰发生了大规模雪崩和冰崩。南迦巴瓦峰南坡的则隆弄冰川下段冰舌突然崩落，冰体加上崩雪，翻越过一段小丘后掩埋了大峡谷进口处不远的直白村，使全村100多人死于非命。

整个雅鲁藏布江河湾地区和米林、察隅等27个县及印度阿萨姆邦的部分地区都被卷入这场灾难之中。地震破坏面积约40万平方千米。有感范围最远距离达1 300千米。西藏境内倒塌房屋9 000多柱（藏式室内宽度标准），各教派寺庙、佛塔、佛像的破坏十分严重。死亡僧侣、喇嘛、差民3 300多人，损失牲畜1.77多万头。印度境内死亡约1 500人。

四、1966年邢台地震

1966年3月8日5时29分，在河北省邢台地区隆尧县东，发生了里氏6.8级强烈地

▲ 图4-5　墨脱地震造成的山体滑坡

震，震源深度10千米，震中烈度为Ⅹ度。3月22日在宁晋县东南分别发生了里氏6.7级和里氏7.2级地震各一次，那一年从3月8日到29日这21天的时间里，邢台地区共发生了5次里氏6级以上的地震，后来把这一地震群统称为邢台大地震。

邢台大地震波及60多个县，受灾面积达2.3万平方千米，毁坏房屋500余万间，其中260余万间严重破坏和倒塌，8 064人丧生，3.8万余人受伤。砸死砸伤大牲畜1 700多头。据不完全统计，仅邢台地区损失就高达10亿多元。这个数额在当时的国民经济状况下，已是天文数字。

邢台大地震是新中国成立以来第一次发生在平原人口稠密地区、持续时间长、破坏严重、伤亡惨重的强烈地震灾害。

震区处于滹沱河冲积扇的西南缘，太行山山前洪积–冲积倾斜平原的前缘，古宁晋泊湖积–冲积洼地及冲积平原之间。震区在构造上属于邢台地堑区，它西接太行隆起，东至沧县隆起；北接冀中坳陷，南邻内黄隆起。这次地震活动严格限制在邢台地堑内部。

邢台地堑的总体构造方向为北北东向，内部发育了一系列较大的北北东—北

东向断裂带，局部尚发育有北西—北西西向断裂。根据物探资料，地堑的凸起和凹陷之间有两条隐伏断裂：一条在南部，方向由西端的北西西向转为东端的北东向；一条在北部，方向为北北东。前者的东北端点与后者的西南端点相距20千米。根据地区破坏和地震活动特点判断，这两条隐伏断裂经这次地震活动已经相互沟通。

这次地震造成的地面破坏以地裂缝和喷水冒沙为主。地裂缝沿着滏阳河、古宁晋泊和古河道范围呈带状分布，总体走向为北东向。喷水冒沙比较普遍，多分布在古河道、地形低洼和土质疏松地区。沿古河道，不仅地裂缝及喷水冒沙普遍，而且位于古河道上的村庄比相邻村庄的破坏严重；在同一村庄中，古河道通过地段的房屋又比其他地段破坏严重。

极震区内的居民点多为土坯墙结构的平房，多数分布在巨厚的亚黏土、黏土、粉沙土等沉积物之上。在地震中，受喷水冒沙、沙土液化的影响，土层承压能力显著降低。另外，这里过去是涝洼盐碱地区，由于地下水和盐碱的长期腐蚀，地基、墙脚很不结实，使房屋的抗震能力大

大减弱，因而破坏严重，如图4-6所示。

极震区地形地貌变化显著，出现大量地裂缝、滑坡、崩塌、错动、涌泉、水位变化、地面沉陷等现象，喷水冒沙现象普遍，最大的喷沙孔直径达2米。地下水普遍上升2米多，许多水井向外冒水。低洼的田地和干涸的池塘充满了地下冒出的水，淹没了农田和水利设施。地面裂缝纵横交错，长达数十米，最长的达数千米，马兰一个村就有大小地裂缝150余条。有的地面上下错动几十厘米。冀县（现冀州市）阎家寨附近百津渠的堤坝原高出地面2米，震后陷入地表以下2米，在长110米、宽11米的地段上，裂开宽5米、深4米大缝。震区内滏阳河两岸造成严重坍塌，任村滏阳河故道被挤压成一条长48米、宽3米、高1米的土梁。

周恩来总理三赴震区，百姓的苦难使他落泪，他指示中国一定要有自己的地震预报系统。中国的地震预报事业在邢台地震的血泊中矗立起划时代的里程碑。邢台地震之后，中国东北部地区接

▲ 图4-6 邢台地震后宁晋县村庄受灾情况

连发生了1967年3月27日河北河间的里氏6.3级地震、1969年7月18日渤海里氏7.4级地震、1975年2月4日辽宁海城地震、1976年7月28日河北唐山大地震，形成一个强震序列。邢台地震的发生促进了中国地震学特别是地震预测课题的研究。

五、1976年唐山大地震

1976年7月28日凌晨，唐山市发生了里氏7.8级强烈地震，这是中国历史上、也是400多年来世界地震史中最悲惨的一次。如图4-7所示。

北京时间1976年7月28日03时42分53.8秒，中国河北省唐山、丰南一带（东经118.2°，北纬39.6°）发生了里氏7.8级（矩震级7.5级）地震，震中烈度XI度，

震源深度23千米，地震持续约12秒。有感范围达14个省、市、自治区，其中北京市和天津市受到严重波及。强震产生的能量相当于400颗广岛原子弹爆炸。整个唐山市顷刻间被夷为平地，全市交通、通信、供水、供电中断。唐山地震造成24.2万人死亡，16.4万人重伤，530万间房屋倒塌，经济损失超过100亿人民币。当天07时17分20秒和18时45分34.3秒，分别于河北省滦县和天津汉沽发生两次较强烈的余震，余震的震级分别为里氏6.2级和里氏7.1级。两次余震很大程度上加重了大地震造成的灾害，使得很多掩埋在废墟中等待救援的人被夺去生命。

地震造成的大规模伤亡和损失主要归结于地震发生的时间和突然性。唐山地震没有小规模前震，而且发生于凌晨人们熟睡之时，使得绝大部分人毫无防备。

唐山被认为地处地震灾害发生率相对较低的地区。大部分建筑的抗震级别较低，而且整个城市位于相对不稳定的冲积土之上，地震对城市造成了严重破

▲ 图4-7　唐山大地震造成路面塌陷

坏，摧毁了方圆6~8千米的地区。许多第一次地震的幸存者由于深陷废墟之中丧命于15小时后的里氏7.1级余震，之后还有数次里氏5.0~5.5级余震。在地震中，唐山78%的工业建筑、93%的居民建筑、80%的水泵站以及14%的下水管道遭到毁坏或严重损坏。

地震波及唐山附近许多地区，秦皇岛和天津遭受部分损失，距震中140千米的北京也有少量建筑受损。在如西安般遥远的城市甚至都有震感。由于通信设备被毁，地震的具体灾情是由唐山市派专人驾车到北京通知中央政府的。

六、1999年台湾南投地震

1999年9月21日凌晨，台湾南投县发生了里氏7.6级地震，震中位于北纬

23.87°、东经120.78°，即日月潭西偏南方9.2千米处，震源深度8千米。此次地震是20世纪末台湾地区最大的地震，共持续102秒，全岛均感受到严重摇晃，常被称为"九·二一"大地震或集集大地震。

台湾位于亚欧大陆板块和菲律宾海板块的交界处，属于太平洋火山地震环的一部分，地震频繁。菲律宾海板块自新生代以来一直朝西北移动，在台湾地区形成了一系列的断层。这些断层具有很高的活动性，在台湾历史上，造成许多灾害性地震。此次地震就是因为车笼埔断层的错动而引起的，地震在地表造成长达105千米的破裂带，数万栋建筑物倒塌（图4-8），2 329人死亡，8 000多人受伤，超过250万人受灾，经济损失达92亿美元。

集集地震再次向人们发出警告：活断层是埋在地下的"不定时炸弹"，我们必须意识到活断层潜在的危险，加强对城市下面活断层的监测研究，并制定相应的对策。

▲ 图4-8　1999年台湾集集地震中倒塌的楼房

七、2008年汶川大地震

2008年5月12日14时28分04秒，我国四川省阿坝藏族羌族自治州汶川县发生里氏8.0级强烈地震，震源深度约20千米，震中区地震烈度高达XI度，灾害波及四川、甘肃、陕西三省，震感影响半个中国。地震造成了8.7万多人死亡或失踪，37万余人受伤，650多万间房屋倒塌，2 300多万间房屋损坏，北川县城、汶川县映秀镇等部分城镇被夷为平地（图4-9），直接经济损失高达8 451亿人民币。由于汶川地震发生在高山峡谷地区，强烈地震引发巨大的次生灾害：山体崩塌、滑坡和泥石流，摧毁道路桥梁、破坏通信设施，给紧急救援造成巨大的困难。

垮塌的山体阻塞河道形成数十个堰塞湖，对下游民众生命财产安全构成严重威胁。汶川地震是新中国成立以来破坏性最强、波及范围最广的一次地震。

由于印度洋板块在以每年约5.5厘米的速度向北移动，使得亚欧板块受到压力，并造成青藏高原快速隆升。又由于受重力影响，青藏高原东面沿龙门山在逐渐下沉，且面临着四川盆地的顽强阻挡，造成构造应力能量的长期积累。最终压力在龙门山北川-映秀地区突然释放，属逆冲、右旋、挤压型断层地震。四川特大地震发生在地壳脆韧性转换带，震源深度小，持续时间较长（约2分钟），因此破坏性巨大，影响强烈，如图4-10所示。

▲ 图4-9 汶川地震后的县城

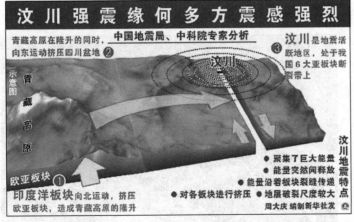

▲ 图4-10 汶川地震成因示意图

八、2010年青海玉树地震

2010年4月14日，我国青海省玉树藏族自治州玉树县发生里氏7.1级地震，震中位于玉树县结古镇，震源深度14千米，震中地震烈度为Ⅸ度，地震造成3 000余人死亡和失踪。

从地质构造上来说，玉树地震发生在巴颜喀拉块体南部边界断裂带上巴颜喀拉块体位于青藏高原主体地区的北部，是一个东西方向长近2 000千米，而南北方向最窄处仅200千米的长条形地块，地块主要受北西西走向断裂控制，块体周缘断裂带包括了东昆仑断裂带、玉树-甘孜-鲜水河断裂带和龙门山断裂带等多条深大断裂带。玉树地震是发生在印度洋板块向北推挤、青藏地块隆升、次级巴颜喀拉活动地块向东挤出背景下的又一次大地震。这个块体的地震是比较活跃的。1996年喀喇昆仑山发生过里氏7级地震，1997年西藏玛尼发生过里氏7.5级地震，2001年青海昆仑山口西发生过里氏8.1级地震，2008年3月新疆于田发生过里氏7.3级地震，以及2008年汶川地震，都是围绕巴颜喀拉块体的边界发生的。

玉树县位于青藏高原腹地，此次强震使得原本崎岖险峻的交通雪上加霜。"生命线"不畅直接导致救援人员和物资无法及时送达，影响救援速度，后勤、医疗无法跟上，灾民也难以疏散，通信、电力等基础设施的恢复均受到严重影响，加重了地震灾害。此次地震存在四个特点：

一是地震发生的地点靠近城镇，震中位于玉树县城附近，震害是沿着活动断裂呈带状分布，穿过了州政府所在地的结古镇，烈度达到了IX度，对城镇的房屋基础设施和生命线工程系统造成了比较大的破坏，供电、通信一度中断。

二是灾区的设防薄弱，土木结构的房屋破坏严重。由于当地经济发展水平所限，灾区的房屋结构类型以土木、砖木结构为主，抗震能力差，损坏比较严重。如图4-11所示。

三是此次地震的地形效应和地震构造效应明显，也就是说，灾区居民点的分布与发震构造的方向比较一致，因此造成的破坏较大。沿江、沿河谷地带房屋震害的破坏明显严重。

四是灾区环境恶劣，救灾难度较大。地震发生在高原山区，地形复杂，交通困难，抢险救援人员出现不同程度的高原反应，加大了救灾的难度。

▲ 图4-11　玉树地震中倒塌的房屋

山东的地震

山东是多地震的省份，属华北地震区。据记载，自公元前1831年（夏帝发七年）的"泰山震"以来，山东及近海共发生了70余次破坏性地震，其中仅20世纪就发生了10次里氏5级以上地震。

山东内陆及近海地区位于华北地震区东南部，该区地质构造比较复杂，中部有规模巨大的郯庐断裂带纵贯南北（其在山东境内部分称为沂沭断裂带），西部有聊城－兰考断裂，这两条北北东向的深大断裂与北西和近东西方向的一系列断裂纵横交错，几乎呈网格状排列，使山东形成了较为复杂的构造型式。这些深大断裂的活动控制着全区地震的孕育和发生。这样特定的地质构造背景，决定了山东内陆及近海是一个多震地区，具备发生中强以上地震的风险。

1923年，地质学家翁文灏首先对中国的地震带进行了划分。他认为"地震现象，在时间上的分布虽无至定，而在地理上分布则较有规律，寻此规律厥有二途，一曰历史经验，二曰地质构造。"他把山东划分出3个地震带：一是山东潍河断裂带，大致沿潍河方向，相当于今沂沭断裂带；二是山东西南断裂带，位于兖州南北一线，东侧山地与西侧平原的交界地带；三是山东登莱海岸陷落带，指山东半岛北部沿海，呈近北东方向，即今燕（山）渤（海）地震活动带的东段。20世纪50年代初，地质学家周光也把山东划分出3个地震带，他强调山东地震分布主要呈3个方向：山东东部的呈北北东向，即潍河河谷、沂河河谷的方向；泰山北部的呈北东东向，即泰山式断层带的走向；山东西部的呈北北西向，即山东湖群的排列方向。他认为这3个地震带围绕着泰山，颇有规律地排列，应当与李四光指出的鲁西系旋转构造有关。

1969年渤海大震后，山东的地震工作者经过不断的实践活动，于1977年提出了5条地震带：聊城-兰考地震带；郯城-渤海地震带；即墨-威海地震带；临胸-惠民地震带；临沂-济宁地震带。同时圈定出12个山东未来百年地震危险区（表4-2）。

序号	地震危险区名称	预测震级	震中烈度
1	郯城-新沂（江苏省）	里氏8	≥10
2	平原-高唐	里氏7	9
3	临胸-益都	里氏6	8
4	蓬莱-黄县（现龙口）	里氏6	8
5	范县（河南省）-莘县	里氏6	8
6	成武-曹县	里氏6	8
7	菏泽-东明	里氏5.5	7
8	曲阜-邹县	里氏5.5	7
9	莱芜-口镇	里氏5.5	7
10	烟台-牟平	里氏5.5	7
11	陵县-临邑	里氏5.5	7
12	无棣县	里氏5.5	7

表4-2　　　　　　山东省地震危险区划

1984年，省地震局组织完成的《山东省近期地震危险区划判定与研究》课题，提出山东划分为5个地震带（与前有所不同）：沂沭北东向构造地震带；聊城北东向构造地震带；菏泽-临沂北西向构造地震带；济阳-临胸-诸城北西向构造地震带；蓬莱-威海北西向构造地震带，并附表说明其特征（表4-3）。

山东全省和近海地区平均一天有1～2次地震记录，里氏3级以上地震一年有30余次。陆地上有震感的里氏3级以上地震平均1个月1次，里氏4级强震感地震

表4-3 山东地区构造地带特征

序号	名称	主要控震构造及特征	长度（千米）	第三活动期以来M≥6级地震	历史地震次数（M≥4）	现代地震次数（M≥4）	应变能释放速率（第三、四活动期）（焦耳1/2）	地震带强度
1	沂沭北东向构造地震带	沂沭断裂，北北东向深大断裂	480	1568年渤海湾北部6级 1597年渤海7级 1668年郯城8.5级 1888年渤海湾7.5级 1969年渤海7.4级	24	13	3.734×10^6 1.387×10^6	强震带
2	聊城－兰考北东向构造地震带	聊城－兰考断裂，北北东向二级断裂	250	1937年菏泽7级 1937年菏泽6.8级 1983年菏泽5.9级	20	10	9.57×10^6	强震带
3	菏泽－临沂北西向构造地震带	苍山－尼山断裂	220	1662年郓城南部6级	25	8	8.55×10^6 3.53×10^6	中强震带
4	济阳－临朐－诸城北西向构造地震带	益都、广齐章丘－宁津断裂	240	1829年益都、临朐间6.4级	32	4	3.497×10^6 4.0545×10^6	中强震带
5	蓬莱—威海北西向构造地震带	渤海—蓬莱威海断裂	240	1548年渤海海峡7级 1948年黄海6级	35	23	1.597×10^6 1.235×10^6	中强震带

事件平均1季度1次。针对山东这样的地震多发地，山东省地震局正开展一系列防震减灾工作。目前，山东省测震台网由1个省级台网中心、17个市级台网中心、126个测震台、146个强震台、1个车载台网中心和25套流动地震台组成。全省主体地区的地震监控能力达到里氏1.5级，其中部分地区更是达到里氏0.8级，地震事件实现3分钟以内计算机自动速报。下面介绍山东历史上几个造成严重灾害的地震实例。

一、1668年郯城大地震

1668年7月25日晚（康熙七年六月

十七日戌时）在山东南部发生了一次旷古未有的特大地震，震级为里氏8.5级，极震区位于山东省郯城、临沭、临沂交界（今临沂市河东区梅埠镇干沟渊村），震中位置为北纬34.8°、东经118.5°，极震区烈度达Ⅻ度。由于极震区大部分位于郯城县境内，故称为郯城地震。这次地震是我国大陆东部板块内部一次最强烈的地震，造成了重大的人员伤亡和经济损失。

这次强烈地震波及中国东部绝大部分地区以及东部海域，遍及黄河上下，长江南北，强烈有感的Ⅴ度区北起辽宁南部，西至山西太原、湖北襄樊，南至江西吉安，东至隔海遥望的朝鲜半岛等，连日本等地都有感，有感区面积近100万平方千米。有震害记载的地区达19万平方千米，其中郯城、临沂、临沭、莒南、莒县、沂水、新沂、宿迁、赣榆、邳州等遭受极其严重的破坏，山东大部、江苏和安徽北部150余县均遭受不同程度损失。是有史以来我国东部破坏最为强烈的地震，也是世界上为数不多的造成严重破坏的特大地震之一。山东郯城、临沂和莒县受灾最为严重，造成约5万人死亡。

据《康熙郯城县志》记载，"戌时地震，有声自西北来，一时楼房树木皆前俯后仰，从顶至地者连二、三次，遂一颤即倾，城楼堞口官舍民房并村落寺观，一时俱倒塌如平地"。极震区延伸方向与郯庐大断裂方向相一致。最远的有感地区距震中达1 000千米。据《康熙海州志》记载，地震时海水有显著变动。震中附近地区在此震前后，历史上并无其他破坏性地震的记载。

郯城大地震造成了枣庄熊耳山崩塌开裂，形成了总长近1 000米的双龙大裂谷。如图4-12所示。该大裂谷在2002年

▲图4-12 郯城地震形成的熊耳山双龙大裂谷

12月被国土资源部命名为国家地质公园，2006年12月被中国地震局批准为国家级典型地震遗址，命名为"枣庄熊耳山崩塌开裂地震遗址"。

二、1937年山东菏泽地震

1937年8月1日，山东菏泽一日之内发生了两次强烈地震，给当地百姓带来了极为严重的损失。当时正处于抗战时期，日本军队大兵压境，北平、河北、山东一带人心惶惶，对于此时的菏泽百姓来说，这场从天而降的大灾难无疑是雪上加霜。

据当地地方史料记载及老人回忆，这次地震的前兆非常明显，主要表现在以下几个方面：一是气象异常。大风忽起忽止，空中伴有黑红色云雾，大雨倾盆如注，震前天气闷热，房屋四壁烫如炭火，据说震中区热伤7人，热死牲畜13头。二是地下水异常。震区大部分井水变浑、变色、起沫、冒泡，水位忽高忽低甚至外溢、自喷。三是生物反应异常。震前两三天，震中区成群家燕露宿，驱赶不散；蝉出土比往年早1个月，而且数量特别多，四处乱爬；地震发生前一段时间，牛不吃草，马不进厩，成群的狗狂吠不已，成群的老鼠向背离震中的方向逃窜。四是震前地声、地光、地气明显。临震前地声沉闷如雷，菏泽县城有多人看到东城墙外有红色火球升起，大如磨盘，明亮耀眼，在空中停留大约2秒钟后消失。随即一道白光闪过，大震来临，而有红色火球升起的地方，震后有东北向大裂缝，最宽处数十厘米。

这次大地震发生在凌晨4点35分48秒，震中在北纬35.4°、东经115.1°，震级为里氏7级，震中烈度为Ⅸ度。极震区位于菏泽县（现菏泽市）解元集一带，震区内房屋几乎全部倒毁（图4-13），地裂普遍，宽处可达1米，人畜陷落无数，内涌黑水及流沙。

▲ 图4-13　菏泽解元集不少民房被震裂

第二次地震发生在当晚6点41分05秒，震中在北纬35.3°、东经115.2°，震级为里氏6.3级，极震区位于菏泽县（现菏泽市）北吴油房、朱楼、大马庄、王堂一带，震中烈度为Ⅷ度。该区震时房屋倒塌、破坏在一半以上，地面裂缝，喷沙冒水，影响范围与第一次主震相混。据民国年间的《地质评论》杂志第5卷第5期《山东菏泽地震述要》一文记录："菏泽大震之后，当时下午六时许又有一次剧烈地震，其烈度仅次于前次。此后较轻地震，甚为频繁，截至九月十日止，计有四十余次之多。被灾百姓皆露宿田野，织席为棚以避风雨。据菏泽县报告，震后阴雨连绵，平地水深数尺，淹没田禾，灾民鹄立水中，为状至惨。东明县境内地面则到处缝裂，陷落无数井泉，中多冒出黑水。"

这次地震的震中菏泽县（现菏泽市）受灾最为严重，据不完全统计，共死亡3 252人，受伤12 701人，牲畜死亡2 719头，房屋倒塌32万间。县城城墙间有倒塌，南北城垛震翻，城内观音堂震倒。当时的菏泽农村多住土坯房，大部分村庄房屋落顶倒塌，所剩无几。地裂严重，喷沙、冒水和塌陷现象较普遍，有人和牲畜陷落坑中，后又被水喷出。震后大雨倾盆，秋禾被淹，交通梗阻，整个震灾区均成泽国，灾民露宿街头，无衣无食。

菏泽大地震波及范围广阔，北到北京，南至镇江，西起洛阳，东至黄、渤海沿岸，均有不同程度的震感。与菏泽相邻的河南、江苏、安徽等省也遭到了地震破坏，据中科院中南大地构造室等单位的调查资料介绍，河南省滑县、内黄南部和中部及汤阴东部，都有房屋倒塌，有的楼房（砖木结构房）也有裂缝，有些地方还有人畜伤亡之事；汤阴县城大南门城楼倒塌，内黄县裴村塔尖震歪；林县、安阳全境房屋多有明显裂缝，屋脊、女墙等多有倒塌，震时挂物强烈摇摆。江苏省徐州旧房坍塌50余间，死伤20余人，丰县、沛县有少数房屋倒塌。河北省肥乡、大名县有少数房屋倒塌。安徽省砀山倒毁茅屋三五间，另有数县也有震感。

三、1969年渤海地震

1969年7月18日13时24分50秒，渤海湾发生里氏7.4级地震。震中位于北纬38.2°、东经119.5°，即山东省老黄河口以东海域，震源深度30千米。由于地震发生在渤海，又是深源地震，距离陆地较远，所以地震造成的人员伤亡不是很严重，共有9人死亡、300多人受伤。死亡牲畜3头。毁坏房屋15 190间，破坏24 810间。经济损失达5 000万元以上。

地震波及山东、河北、辽宁等三省。受灾程度依距震中远近而有别。最重地区在山东惠民地区黄河入海处，包括垦利县大部分、利津、沾化县部分。河北唐山乐亭县沿海个别村落灾情较重，烈度达Ⅶ度。惠民黄河大堤利津至六台长65千米的堤面石护坡砌缝普遍产生开裂；新安村附近堤内地面亦普遍出现裂缝并有多处喷水冒沙，最大喷沙口直径达4米以上。

另外，北至北戴河，南至潍坊，东至旅顺、烟台，西至塘沽、沾化等地区烈度达Ⅵ度。地震造成了大量房屋倒塌，许多地区出现了桥梁、路面裂缝及喷沙冒水现象，如图4-14所示。

渤海地震后1个月，中央地震工作领导小组在潍坊成立了山东省地震工作中心站，它是山东省地震局的前身。

▲图4-14 垦利县民丰公社溢河桥裂缝

Part 5 防震减灾必备

到目前为止，我们还不能准确预报地震，但是很多地震都有明显的前兆，对地震的短期预警有良好的指示作用，人们在与地震的斗争中积累了丰富的经验。在无法准确预报的情况下，做好震前的准备、震时的防护和震后的救治尤为重要，可以有效减轻地震灾害。

P波
最早自震源传出，以每秒约7千米的速度前进

S波
以每秒约4千米的速度前进，但震幅往往是P波的3～10倍

根据早到达的P波计算地震参数，对S波的到达提出预警

P波

S波

传媒机构

通过电视台、电台、网络手机等告知公众

监测到
P波(微震)

紧急地震速报

防灾机构

通电火纾导

地震感应器

及时传送

及时预报

地震发生

宣布地震

P波监测数秒后

S波抵达前的

0秒   5秒   10秒   15秒

地震的前兆

地震前兆是指地震发生前出现的异常现象。岩体在地应力作用下，在应力应变逐渐积累、加强的过程中，会引起震源及附近物质的边界条件发生变化以及出现地磁、地电、重力等地球物理异常，地下水位、水化学也会产生异常。上述变化也会使某些动物产生异常反应，这些与地震孕育、发生有关联的异常变化现象称为地震前兆（也称地震异常），它包括地震宏观异常和微观异常两大类。

一、地震的宏观前兆

人的感官能直接觉察到的地震前兆称为地震的宏观前兆，简称宏观前兆或宏观异常。地震宏观异常的表现形式多样且复杂，异常的种类多达几百种，异常的现象多达几千种，大体可分为：生物异常、地下水异常、地声异常、地光异常、电磁异常、气象异常等。

1.生物异常

许多动物的某些器官感觉特别灵敏，它能比人类提前知道一些灾害事件的发生，例如海洋中的水母能预报风暴，老鼠能事先躲避矿井崩塌或有害气体的侵入等等。伴随地震而产生的物理、化学变化（震动、电、磁、气象、水氡含量异常等），往往能使一些动物的某种感觉器官受到刺激而发生异常的反应。如一个地区的重力发生变异，某些动物可能能通过它的平衡器官感觉到；一种震动异常，某些动物的听觉器官也许能够察觉出来。地震前地下岩层早已在逐日缓慢活动，呈现出蠕动状态，而断层面之间又具有强大的摩擦力，于是有人认为在摩擦的断层面上会产生一种每秒钟仅几次至十多次、低于人的听觉所能感觉到的低频声波。那些感觉十分灵敏的动物在感触到这种声波时，便会惊恐万分、狂躁不安，以致出现冬蛇出洞，鱼跃水面，猪牛跳圈，在浅海处见到深水鱼或陌生鱼群，鸡飞狗跳等异常现象。动物异常的种类很多，有大牲畜、家禽、穴居动物、冬眠动物、鱼类等等。

动物异常观测对地震预报具有一定的意义。震区群众总结出这样的谚语：震前动物有预兆，抗震防灾要搞好；牛羊驴马不进圈，老鼠搬家往外逃；鸡飞上树猪拱圈，鸭不下水狗狂叫；兔子竖耳蹦又撞，鸽子惊飞不回巢；冬眠长蛇早出洞，鱼儿惊惶水面跳；家家户户要观察，综合异常做预报。

2.地下水异常

大震前，地下含水层在构造变动中受到强烈挤压，从而破坏了地表附近的含水层的状态，使地下水重新分布，造成有的区域水位上升，有些区域水位下降。水中化学物质成分的改变，使有些地下水出现发浑、冒泡、翻花、升温、变色、变味、突升、突降、泉源突然枯竭或涌出等。地下水位和水化学成分的震前异常，在活动断层及其附近地区比较明显，极震区更常集中出现。灾区群众说：井水是个宝，前兆来得早；无雨泉水浑，天干井水冒；水位升降大，翻花冒气泡；有的变颜色，有

的变味道；天变雨要到，水变地要闹。

3.地声异常

不少大震震前数小时至数分钟，少数在震前几天，会产生地声异常。地声异常是指地震前来自地下的声音。其声有如炮响雷鸣，也有如重车行驶、大风鼓荡等。当地震发生时，有纵波从震源辐射，沿地面传播，使空气振动发声，由于纵波速度较快但势弱，人们只闻其声，而不觉地动，需横波到后才有动的感觉。所以，震中区往往有"每震之先，地内声响，似地气鼓荡，如鼎内沸水膨涨"的记载。如果在震中区，里氏3级以上地震往往可听到地声。地声是地下岩石的结构、构造及其所含的液体、气体运动变化的结果，大部分地声是临震征兆。掌握地声知识就有可能对地震起到较好的预报预防效果。

灾区群众根据地声的特点，能够判断出地震的大小和震中的方向：大震声发沉，小震声发尖；响的声音长，地震在远方；响的声音短，地震在近旁。

4.地光

地光是指地震时或地震前人们用肉眼能观察到的天空发光现象。其颜色多种多样，可见到日常生活中罕见的混合色，如银蓝色、白紫色等，但以红色和白色为

主；其形态也各异，有带状、球状、柱状、弥漫状等。一般地光出现的范围较大，多在震前几小时到几分钟内出现，持续几秒钟。中国海城、龙陵、唐山、松潘等地震时及地震前后都出现了丰富多彩的发光现象。图5-1所示为汶川地震前的地光现象。地光多伴随地震、山崩、滑坡、塌陷、或喷沙冒水、喷气等自然现象同时出现，常沿断裂带或一个区域作有规律的迁移，且与其他宏观和微观异常同步，其成因总是与地壳运动密切相关，且受地质条件及地表和大气状态控制，能对人或动、植物造成不同程度的危害。目前我们所掌握的地光异常报告，都在震前几秒钟至1分钟左右，如海城地震，澜沧、耿马地震等都搜集到了类似的报告。

△ 图5-1 汶川地震前的疑似地光现象

5.电磁异常

地震前出现的电磁异常主要表现为家用电器如收音机、电视机、日光灯等出现的异常。最为常见的电磁异常是收音机失灵，在北方地区日光灯在震前自明也较为常见。1976年唐山地震前几天，唐山及其邻区很多收音机失灵，声音忽大忽小，时有时无，调频不准，有时连续出现噪音。同样是唐山地震前，唐山市内有些关闭的荧光灯夜间先发红后亮起来，北京有人睡前关闭了日光灯，但后来灯自己亮了起来。

电磁异常还包括一些电机设备工作不正常，如微波站异常、无线电厂受干扰、电子闹钟失灵等。

6.气象异常

地震之前，气象也常常出现反常。主要有震前闷热，人焦灼烦躁，久旱不雨或阴雨绵绵，黄雾四散，日光晦暗，怪风狂起，六月冰雹（飞雪）等等。

（1）地震云：是非气象学中云体分类的一种预示地震的云体，在地震发生前云体的颜色为白色、灰色、橙色或者橘红色。地震云的特点是大风不易改变其形态，天空和云有明显的分界线，多出现波状，如图5-2所示。

地震云的形成尚未有明确的解释，比较常见的有两种说法：

热量学说：地震即将发生时，因地热聚集于地震带，或因地震带岩石受强烈引力作用发生激烈摩擦而产生大量的热量，这些热量从地表面溢出，使空气增温产生上升气流，气流于高空形成"地震云"，云的尾端指向地震发生所在地。

电磁学说：地震前岩石在地应力作用下出现"压磁效应"，从而引起地磁场的局部变化；地应力使岩石被压缩或拉

▲图5-2　地震云

——地学知识窗——

地震云的特点

什么样的云才是地震云呢？这种云的最大特点在于"奇"，与一般的云有着明显的区别。大风不易改变其形态，天空和云有明显界线，多出现波状。地震云大致分为四种：

1. 横条状的云，一般都是单条出现。这种云很像飞机飞过之后留下的痕迹，所以又有人叫做飞机云。不过更加厚实和丰满些，它一般预示震中处于云向的垂直线上，一般预示着2周以后有地震。

2. 呈波浪状或者放射状的云，一般预示着1周以后有地震。

3. 垂直得像龙卷风一样，或者像无风时垂直向上的烟柱一样的云，预示着3天以后有地震。

4. 固体形状的大块云或者团状的云，一般出现在地震当时或者地震发生之前。

伸，引起电阻率的变化，使电磁场有相应的局部变化。由于电磁波影响到高空电离层而出现了电离层电浆浓度锐减的情况，使水汽和尘埃非自由地有序排列，从而形

成了地震云。

（2）大旱：纵观历史上我国发生的大旱和大地震，就会发现它们是相伴相随的。从公元前231年（**秦始皇十六年**）至公元1971年，在这2 202年间，华北及渤海地区共发生里氏6.0级以上大地震69次，其中除1337年9月8日河北怀来里氏6.5级地震，震前两年大饥，灾因不详及1368年7月8日山西徐沟里氏6级地震，震前一年大风雹外，其余67次地震震前都有大旱出现，其中震前一年大旱者为27次，震前两年大旱者为15次，震前三年大旱者为16次，震前三年半大旱者为9次。总之，震前一至三年半时间内大旱为67次，占地震总次数的97.1%。

造成地震前大旱的可能原因有：①通常即将发生地震的区域，地壳活动加剧，释放大量的热量，加快区域水分蒸发，高空极易形成局地高压控制，从而造成久旱无雨。这是构造干旱。②或者是由于气候异常造成久旱无雨。这是气象干旱。③当构造干旱、气象干旱发生时，会造成土壤圈层干旱，改变处于临界平衡的地壳应力场，诱发大地震发生。这也是修建大型水库改变地应力场，诱发地震的原因。

地震宏观异常在地震预报尤其是短临预报中具有重要的作用，1975年辽宁海城里氏7.3级地震和1976年松潘、平武里氏7.2级地震前，地震工作者和广大群众曾观察到大量的宏观异常现象，为这两次地震的成功预报提供了重要资料。不过也应当注意，上面所列举的多种宏观现象可能由多种原因造成，不一定都是地震的预兆。例如：井水和泉水的涨落可能和降雨的多少有关，也可能受附近抽水、排水和施工的影响；井水的变色变味可能因污染引起；动物的异常表现可能与天气变化、疾病、发情、外界刺激等有关。还要注意不要把电焊弧光、闪电等误认为地光；不要把雷声误认为地声；不要把燃放烟花爆竹和信号弹当成地下冒火球。

一旦发现异常的自然现象，不要轻易做出马上要发生地震的结论，更不要惊慌失措，而应当弄清异常现象出现的时间、地点和有关情况，保护好现场，向政府或地震部门报告，让地震部门的专业人员调查核实，弄清事情真相。

二、地震的微观前兆

人的感官无法觉察，只有用专门的仪器才能测量到的地震前兆称为地震的微观前兆，简称微观前兆，主要包括以下几类：

1. 地震活动异常

大小地震之间有一定的关系，大地震虽然不多，中小地震却不少，研究中小地震活动的特点，有可能帮助人们预测未来大震的发生。

2. 地形变异常

大地震发生前，震中附近地区的地壳可能发生微小的形变，某些断层两侧的岩层可能出现微小的位移，借助于精密的仪器，可以测出这种十分微弱的变化，分析这些资料，可以帮助人们预测未来大震的发生。

3. 地球物理变化

在地震孕育过程中，震源区及其周围岩石的物理性质可能出现一些变化，利用精密仪器测定不同地区重力、地电和地磁的变化，也可以帮助人们预测地震。

4. 地下流体的变化

地下水（井水、泉水、地下层中所含的水）、石油和天然气、地下岩层中还可能产生和贮存一些其他气体，这些都是地下流体。用仪器测地下流体的化学成分和某些物理量，研究它们的变化，可以帮助人们预测地震。

三、地震观测台网

要捕捉地震的微观前兆，就必须建立覆盖大多数地区的地震观测台网，进行长时间的精密观测。

记录地震的仪器叫地震仪，专门从事地震观测的台站叫地震台或测震台。早在一千八百多年前的东汉时期，我国著名的科学家张衡就发明了世界上第一台地震仪——"地动仪"（图5-3）。地动仪由青铜铸成，外表刻有篆文以及山、龟、鸟、兽等图形。仪器内部中央立着一根铜质都柱；仪器外部周围铸着八条龙，按东、南、西、北、东南、东北、西南、西北八个方向布列。龙头和内部信道中的发动机关相连，每个龙头嘴里衔有一粒小铜珠。地上对准龙嘴处，蹲着八个铜蟾蜍，

▲ 图5-3 地动仪模型

昂着头，张着嘴。当某处发生地震，都柱便倒向那一方，触动牙机，使发生地震方向的龙张嘴吐出铜珠，落到铜蟾蜍嘴里，发出"当啷"声响，人们就知道哪个方向发生地震。汉顺帝阳嘉三年十一月壬寅（公元134年12月13日），地动仪的一个龙机突然发动，吐出了铜球，掉进了那个蟾蜍的嘴里。当时在京师（洛阳）的人们却丝毫没有感觉到地震的迹象，于是有人开始议论纷纷，责怪地动仪不灵验。没过几天，陇西（今甘肃省天水地区）有人快马来报，证实那里前几天确实发生了地震，于是人们开始对张衡的高超技术极为信服。陇西距洛阳有一千多里，地动仪标示无误，说明它的测震灵敏度是比较高的。

现代的地震仪已经采用了最先进的电子技术，具有极高的灵敏度，甚至还有专门的海底地震仪和深井（钻孔）地震仪。相当一部分地震台站已经不需配备专人进行观测就能自动记录地震信号，通过电缆或无线电波将信号自动传送到接收中心，再由计算机进行自动处理，这种地震台叫作遥测地震台网，我国许多地区都已建立了现代化的遥测地震台网。此外，还有地电、地磁、重力、地形变、地下流体等地震前兆观测台站。

1966年以前，地震观测主要使用单台模拟记录仪器，地震波型记录在台站的图纸上，需要人工量图读数。邢台地震后，在北京地区建立了八条专线的传输地震台网，开创了我国地震遥测的新纪元，史称"八条线"。从20世纪80年代末开始，我国地震观测系统有组织有计划地向数字化方向发展。经过"七五"的预研究、"八五"的试验系统研制、"九五"和"十五"的建设，地震观测技术和地震台网建设完成了模拟到数字的全面转变。

我国的监测台网按仪器的功能和作用大致可分为三类：测震台网、前兆观测台网和强震观测台网。

测震台网是监测地震活动的台网；前兆观测台网是以观测震前各类异常现象为目的的台网；强震观测台网是以观测强地震震动产生的位移、速度或加速度为目的的台网。

目前，我国建立了由150台站组成的国家地震台网，由678个台站组成的31个区域地震台网，由600套流动地震仪器组成的科学探测台阵和由200套流动地震仪器组成的地震应急流动观测系统。

如图5-4所示。我国90%以上地区地震监测能力提高到MS≥3.0；我国大部分地震重点监视防御区、人口密集的主要城市以及东部沿海地区的地震监测能力达到MS≥2.0。地震速报能力在10分钟左右。使用的仪器以自主研发的数字化地震仪为主，以进口的数字化地震仪为辅。

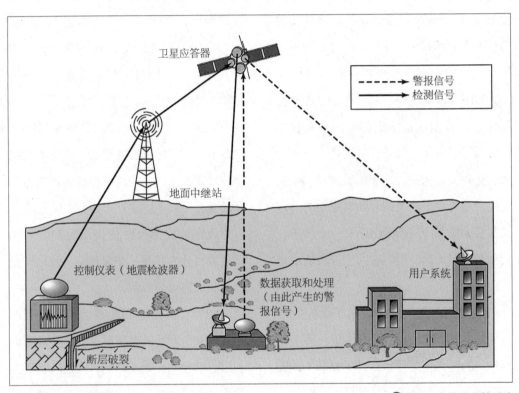

卫星应答器

警报信号

检测信号

地面中继站

控制仪表（地震检波器）

数据获取和处理（由此产生的警报信号）

用户系统

断层破裂

▲ 图5-4　地震监控系统

地震的预报

广义的地震预报实际上包含了地震预测与预报两个方面。前者是针对某一地区或明确的活动构造带或断裂带的具体段落在未来某一时间段内发生地震的可能性、趋势或活动状况做出的科学预测。后者是狭义的地震预报，并对其具体科学内涵及法律与制度有所限定，特指针对一个未来地震事件发生的具体地点、震级和时间三要素进行准确预报的过程。后者又可分为两种：一是根据观测到的前兆异常做出的预报，称为前兆性预报；二是根据以往地震记录，经统计数学分析外推的预报，称作统计预报。这两种都是当前地震预报的主要方法。另外，地震专业部门还常通过综合多项方法进行预报，称为综合预报。总体而言，无论从科学研究角度，还是社会经济层面，对地震预报和预测做出相对清晰的区分是非常必要的，否则容易引起混乱或混淆视听。就目前的地震预报水平而言，所能做到的

绝大多数都是地震预测，严格意义上的准确地震预报尚无法做到。现在所掌握的单项预报方法很难同时对地震三要素（时间、地点和震级）都给出具体和准确的答案，而只能概略地预测其中的一个或两个要素，属于不完全预报或预测，即使综合多项前兆对三个要素进行预报，仍只是概略性的，但这对于防震减灾同样具有重要的科学意义和实际价值。

地震预报研究工作是以多种科学观测为基础，通过正确认识地震发生的机理与规律，能动地对地震三要素进行预测的科学探索过程。因此，无论是地震预报，还是地震预测工作，都必须建立在扎实可靠的前期工作基础之上，主要包括地震地质调查，重点是活断层鉴别与活动性分析，古地震（又称"史前地震"）研究、历史地震记录和考古地震资料分析、地震统计分析、地震危险性分析、地震烈度区划、震害预测等。在此前提下，还必须进

一步开展的工作主要有：地震台站的观测记录与数据分析、现今地震活动性分析、地震前兆（物理、化学）观测与资料分析、宏观前兆分析与识别判断，最后综合上述结果做出综合预报。但由于地震预报是"人命关天"的问题，同时又对经济社会生活影响极大，因此，是非常严谨的事，既要严格依赖科学技术，还要考虑社会经济等多方面因素。地震活动与地质构造，尤其是与现今正在活动的地质构造具有密切的成因联系，世界上绝大多数强震活动都发生在活动构造带或断裂带上。由于中国大陆地处亚欧板块东南部，其南部和东部分别被印度洋板块、太平洋板块和菲律宾海板块所夹持，现今地壳运动强烈，活动断裂众多，因此，陆内强震活动极为频繁，历史上饱受地震灾害之苦，也是世界上地震灾害最为严重的国家之一。

自1997年西藏玛尼发生里氏7.5级地震以来，至2014年2月的新疆和田里氏7.3级地震，在短短不到8年的时间内，中国大陆已接连发生了包括东昆仑里氏8.1级地震和四川汶川里氏8.0级2次特大地震在内的共7次里氏7.0级及以上大地震，表明中国已经进入了新的大地震活跃期。在此背景下，中国现阶段的地震活动和相关的地震预报问题都备受关注。

地震预报按时间尺度可作如下划分：

长期预报：对未来10年内可能发生的破坏性地震的地域的预报。

中期预报：对未来1~2年内可能发生破坏性地震的地域和强度的预报。

短期预报：对3个月内将要发生地震的时间、地点、震级的预报。

临震预报：对10日内将要发生地震的时间、地点、震级的预报。

19世纪以来，地震预报已经成为世界各国地震学家最为关注的内容之一，地震学家们为此进行了艰苦的努力，取得了一定的成果。例如，经过四十多年的努力，我国逐步建立了基本覆盖全国及重点区域的监测台网，形成了长中短临渐进式预报思路，持续不断地开展了预报实践并取得一定的进展。但目前地震预报仍处于探索阶段，尚未完全掌握地震孕育发震的规律，地震预报主要是根据多年积累的观测资料和震例而做出的经验性预报，对地震孕育发生的原理、规律还没有完全认识，地震预报特别是临震预报仍然是世界性的难题。

一、关于地震预报的争论

关于地震预报的最大争论是"地震

能否预报"。这一争论主要开始于20世纪70年代后期至90年代初，中国唐山大地震、美国帕克菲尔德地震、日本神户地震等的预报相继失败，致使一些学者对地震究竟能否预报产生疑问。一部分日本地震学者认为，地震是不能预报的，而希腊地震学家瓦洛特索斯（Varotsos）以利用测量地电场方法成功预报地震为依据，认为地震预报已经过关，引起争议。至20世纪90年代后期，争议不断扩大和激化，多位学者于1997年和1999年分别在《Science》和《Nature》杂志专门发文展开辩论，引起了国内外社会各界对地震预报问题的广泛关注。其中，以美国物理学家盖勒（Geller）和卡甘（Kagan）等为代表的学者认为，地震空间是开放性耗散结构，地震是自组织临界现象，具有非线性、随机性和混沌性，因此，地震很难准确预报，利用经验性的地震前兆预报地震准确性也很难保证。同时指出，当前对公众负责的地震工作重点应该是地震减灾，包括对特定区域主要活动断裂带在未来数年内或30～100年期间的地震活动性与活动强度做出可靠的长期预测，为城镇规划与建筑物抗震设防提供重要依据；建立大震参数速报和实时警报系统，能够在震时为公众提供宝贵的逃生时间，并在震后及时地提供准确的震级与位置，从而有效促进救灾工作、地震海啸预警等。

尽管地震尚不可预报是美国主流科学界的观点，也得到世界大多数国家，包括中国一些科学家的认同，不过，并不意味着所有科学家都认同这种观点。以李四光为代表的中国老一辈地质科学家就认为地震可以预报，据说1971年李四光临终前遗憾地说，再给他半年，可能解决地震预报问题。

以瑞士著名的地震学家马科斯·怀斯为代表的地震学者明确指出，虽然目前地震是难以准确预报，但相信通过不断探索和研究，最终地震预报这一科学难题是可以解决的。因为，地震并不总是突然发生的，这一随机性系统在演化中可以出现短期有序性，表现为相当部分的地震在发生之前存在较明显的地震活动异常或前兆，根据这些异常已经对一些地震做出过正确预报，但当前不论是认为"地震是无法预报的"，还是认为"地震预报已经解决"，都是不正确的。地震预报工作仍处于初级阶段，这是"人命关天"的事业，地震预报工作不能放弃，必须坚持，并给予稳定的科研经费支持。

20世纪80年代，针对地震预报的途径与方法也同样展开过激烈争论。一种观点认为，现在已经可以通过数理统计给出异常与地震之间的关系，对异常变化与孕震过程可以做出物理解释，因此，地震预报已经成为可能，当前主要的任务应该是加强观测，及时发现异常，进行预报，即所谓用经验反演法预报地震。另一种认识是，目前对孕震过程还缺乏认识，对前兆机理解释不清，必震信息尚未掌握，因此，现在的主要课题是实验研究和理论探索，建立地震孕育和前兆表现的物理模式，并以相关模式为依据，进行前兆观测和地震预报，即所谓用正演法预报地震。认识上的差异并没有影响预测预报工作的正常进行，国内外从事地震研究的国家很重视反演法，即地震前兆的观测工作，同样也在不断加强地震预报的正演法，即理论研究，并先后提出了许多重要的地震孕育模式和机理。客观上看，这些争论其实都是有利于地震预报的，因为，通过公开的辩论使公众明白了什么是经验性预报和物理性预报，为什么地震预报这么难，为什么是科学难题。地震预报的难度、复杂性、多样性要比20世纪50～60年代开创期要大得多。因此，大辩论有利于

提高地震预报的科学性、严密性和研究水平，但也给当时已不太景气的地震预报工作泼了冷水，导致这项工作进一步陷入低谷，也深刻影响了中国的地震预报工作及发展。四川汶川、青海玉树和四川芦山接连发生的里氏7.0级及以上的大地震皆发生在之前被地震预报部门认定的中长期地震危险区之外，表明中国当前的地震预报工作还明显滞后于地震活动的步伐，仍有大量基础性工作要做。

二、地震预报的困难所在

严峻的现实充分说明，地震预报是棘手的全球性科学难题。制约地震预报研究与发展的客观因素主要是地球本身极为复杂的系统，且处于非线性发展过程中。地震多发生在地壳内部10～20千米及以下，远远超过了目前人类直接通过仪器观测到的深度。基于目前的技术手段，只能在地球表面及地表浅层利用数量有限、分布相当稀疏的台网进行地震活动和前兆观测，而利用在地表获取的很不完善、很不充足、有时还很不精确的资料去探测和反演地壳深部的震源过程显然困难重重。同时，大陆强震的小概率性使得在短期内积累足够多的震例资料，并揭示地震孕育模式和发生的规律是不现实的。

因此，目前的地震预报主要是在对地震孕育、发展及发生规律等都尚不清楚的情况下进行的，这也从根本上制约了地震预报水平的提高。

从地震活动本身来看，地震预报的困难包括以下几方面：

一是地震活动具有混沌性、随机性和自组织性，且影响因素众多，属极为复杂的地球物理现象，预报难度特别大。

二是由于目前人类还无法在地壳深部的震源附近布设仪器直接观测地震发生过程，因此，难以全面了解地震源发生的真实物理过程，比如根据现有的地震成因理论，地震是由于岩石中的应力积累达到了岩石强度时发生的，那么理论上只要能够测量到震源处的岩石强度与应力即可预报地震，但目前的技术方法无法实现直接测量震源处的岩石强度与应力。

三是大陆强震的孕育发生过程一般都很长，特别是里氏7.0级以上的大地震，在一个地区，常常是百年一遇或千年一遇的，而人的寿命很短，因此，在一个地区难以重复试验，也难以多次观测其全过程。

四是岩石圈很不均一，地质构造与岩石性质因地而异，比如有的地方震前观测到大地电场、磁场有异常变化，在别的

地方就不一定适用，前者可能地下有厚层花岗岩，压电、压磁效应显著，后者可能只有玄武岩或沉积岩，电磁效应不显著，区别很大。

五是预报靠的是前兆，但目前已提出的前兆有几十种，五花八门，种类繁多，并因地、因时而异，都有局限性，只有少数几种，如前震、空区、水氡等被多数人认可，而且前兆大多都有明显的"不确定性"，缺少普适性的必震前兆，使人难以判断。同时，还有很多前兆缺乏严格检验，充其量是强相关现象，但要检验证实也不容易，因为一个地方并非经常发生大震，大震的原地复发周期很长，对具有地方特色的前兆进行检验需要很长时间，这也不现实。

地震的前兆特征不同，可预报程度也存在差异，据此可将地震分为三大类：第一类是易预报型，前兆显著、种类丰富，时、空间集中性很强，容易观测到，易识别，如有明确前震序列和前兆异常的海城地震、邢台地震、玉树地震等；第二类是可预报型，前兆显著丰富，但没有前震，判断难度较大，有可能预报，但时间很难确定，比如唐山地震；第三类是甚难预报型，前兆异常不明显，没有前震，短

期预报可能性极小，只能做出长、中期预报，临震预报几乎不可能。地震预报所面临的诸多困难表明，实现真正的地震预报需要长期的科学探索和积累。多数地震学家也坚信，随着科技的发展，预报的总体难度会逐渐降低，成功率会逐步增加，但在相当长的时期内，如几十年或上百年内，仍将以经验性预报为主，或逐步过渡到经验性与物理性预报并用的状态。

三、国内外的地震预报对策

面对地震预报难题，由于国情不同，各国对策不同，作法不同，总体上可分为以防震减灾为主和以地震预报为主。欧美发达国家在预报频频失利后，决定以加强研究为主，放长线，不急于搞预报，但为了尽可能地减少伤亡损失，主要强调防震减灾，在居住政策和建筑抗震上狠下功夫。例如，欧洲发达国家法律规定房价与居民收入挂钩，国家限制房价收入比为3.0～5.0，超出便违法，并严禁投资购房，以此保证人们大部分买得起房，住房平等均衡，居住安全保障比较到位，使地震伤亡率明显下降。同时，通过在民用建筑中推广先进抗震技术（或隔震技术），将防震减灾落实在实处，抓住关键，以保证做到地震低伤亡，有效降低了地震预报压力。

大多数发展中国家人口多、宜居地少、地震灾害频繁、住房不均衡、居住条件拥挤、民用住房建筑质量普遍较差，且居住密度也很大，因此，地震伤亡率居高不下，如苏门答腊、太子港、汶川等，一次地震死亡几万至几十万人。此形势下的地震预报压力也随之增大。

事实证明，无论是以防震减灾为主，还是以地震预报为主，实际上都存在缺陷。如在发达国家新西兰，极力推广抗震技术，2010年9月4日凌晨，当地最大城市克赖斯特彻奇遭遇该国80年来最严重的地震（里氏7.1级强震）。地震造成多座建筑物损毁，道路桥梁严重破坏，但由于隔震技术发挥作用，做到了零伤亡，引起全世界注目。可是时隔1年，在2011年9月24日，该市又发生了里氏6.3级强余震，却意外地造成300人死亡，主要原因是抗震结构在2010年的主震时已受到破坏，在第2次地震中已不起作用。因此，惨痛的教训表明，即使防震减灾技术过关了，也并非一劳永逸，地震预报仍不能放松，应该是两手抓，两手都要硬。

四、地震预报的研究发展和策略

1.地震预报研究最科学可靠的方法就是利用"3S"技术

地震预报最重要最有价值也最为困

难的就是临震预报，所以地震预报研究的重点在于临震预报。鉴于地面观测的局限性，临震预报最有效的方法就是利用卫星遥感、信息技术进行观测预报，也就是通过综合运用信息高速公路和计算机宽带高速网，高分辨率卫星影像、空间信息技术与空间数据基础设施、大容量数据存储、科学计算、可视化和虚拟现实技术等，对地球表面的地震要素进行扫描观测、目标跟踪、分析处理和预报的方法。其核心技术是"3S"技术及其集成。所谓的"3S"就是全球定位系统、地理信息系统和遥感的统称。

利用卫星手段进行监测预报具有地面监测不可比拟的优势：

一是观测范围广阔。从理论上讲可以观测到地球的任何一个角落，而临震预报最难的就是在广阔的范围内准确找到即将发生地震的异常区域。

二是省时高效。只要发射一定数量的卫星，就可以实时观测地球上任何一个地方，并可对异常区域进行反复观测。

三是相对可靠。在长期的观测过程中，众多的地面站点容易疏忽遗漏一些重要的临震信息，卫星观测因为数量较少而比较容易掌握整体情况。

四是相对经济实用。发射卫星费用比较高，但与众多的地面观测站和灾害地震所造成的重大人员财产损失相比，并不昂贵。

所以应当建立以卫星监测为主、地面观测为辅的地震监测网络，并努力实现地震预报数字化。

2.必须努力找到与地震有直接因果关系的可观测因子

目前地震难以准确预报的主要原因就是还没有找到与地震有直接因果关系的地震前兆。所以地震预报研究的重点是要创新思路，找到与地震有直接因果关系的地震前兆，这是进行临震预报的关键。

地热流和火山、地震一样是地球内能的释放形式，地震可能会引起地热流在震区的局部变化，地热流在震前可能会发生一系列的局部变化，从研究地热流入手，可能会找到与地震的直接因果关系。地热流是地球表面普遍存在的一种地球内能释放形式，运用卫星热红外遥感技术，可以得到地球表面的红外图，地震发生前，震区表面的热红外遥感图可能会发生相应的变化，据此可以判断地震发生的区域、强度和时间。红外遥感技术的另一个好处是受天气和气候的影响较小，它的缺点是地球上有太多的红外源，可能会影响观测结果。

地震发生前，岩层受地应力增强的作用导致破裂，使岩石释放出二氧化碳、甲烷、氢气和氮气等气体，它们释放出热量，产生热红外异常，可导致震区低空大气增温。这些增温现象，经过卫星红外扫描仪进行扫描和计算机地理信息系统处理，可以获取一系列连续热红外图像，并结合地形、地貌、应力场和其他气象情况进行判断，确定地震可能发生的地区、震级和时间。

3.应当建立以物理观测为主，化学、生物观测研究为辅的观测研究体系

从目前情况看，较有可能成为预报地震的前兆因子主要集中在物理现象中。如我国地震工作者观测震前的电磁异常，发现在震前几天或几十天记录到电磁异常强且持续时间长。一旦记录到异常更显著、持续时间拉长、来波方位明确时，据主震的时间一般在30天内；如果仪器记录到显著异常后平静一段时间，即距离主震时间一般在10天以内。通常异常持续天数愈长，场强愈高，将要发生的地震震级愈大；反之就愈小。除了电磁异常，还有其他如水温、地温、气温异常、光异常、声波异常特别是次声波异常等。

一些化学观测也值得重视，如日本发现震前的水氡含量异常就是一例。一些动物可能对地震发生有一定的敏感性，但尚不确定，动植物有异常反应不一定就是地震前兆，许多因素都会导致动植物的异常反应。所以，应当坚持以物理观测为主，化学、生物观测为辅的研究方向和策略。

五、我国防震减灾的对策

为了防御与减轻地震灾害，保护人民生命和财产安全，我国先后出台了多项与地震预防预报有关的法律法规，主要有《中华人民共和国防震减灾法》、《地震预报管理条例》、《破坏性地震应急条例》、《地震监测管理条例》和《地震安全性评价管理条例》等，从法律上保障防震减灾体系。

我国防震减灾工作的指导思想是：坚持防震减灾同经济建设一起抓，实行预防为主、防御与救助相结合的方针。切实加强地震监测预报、震灾预防、紧急救援三大工作体系建设，进一步完善地震灾害管理机制。依靠科技、依靠法制、依靠全社会力量，不断提高综合防震减灾能力，为人民群众的生命财产安全和全面建设小康社会的伟大事业提供可靠的保障。

三大体系建设组成了我国对付地震的三道防线。

第一道防线是地震的监测预报。监测预报是防震减灾工作的核心和前提。地震部门首先要做好地震的监测预报。这个做好，不是说大部分或者是百分之百地做出准确的地震预报，而是充分运用现有条件，充分运用先进的科学技术，最大限度地提高监测预报的水平。

第二道防线是震害防御体系的建设。在地震预报仍然是世界难题的条件下，必须有对付突如其来的地震发生的措施，并作为经常性防范措施。这是减轻地震灾害，保护人民生命财产的有效途径。主要有工程性和非工程性两个方面。

工程性措施叫作工程抗震设防，包括三个组成部分：①对重大建筑物、构筑物、开发区建设要在立项前依法进行充分的地震安全性评价，为工程的选址和建筑抗震设计提供依据。②一般的工业和民用建筑的抗震设防。一般的工民建工程，必须按照抗震设防要求进行抗震设计、施工，确保在6级左右地震条件下的安全。③对国家划定的监视防御区的老旧楼房，特别是人口聚集的公共场所，进行抗震性能的鉴定，不合格和不安全的要进行加固改造，使其能够具备法定的抗震能力。

各类建筑物只要按照国家规定进行抗震设计加固改造，就可以达到小震可修、中震不坏、大震不倒的基本安全效果。

非工程性防御措施则是除专业部门的地震监测和工程建设以外的一些政府和社会防御措施，主要是震害预防和应急对策。这是《防震减灾法》赋予全社会的责任和义务，主要包括地震知识的宣传普及，各级组织、单位的地震应急预案的制定，模拟地震来临的应急演习训练等。

第三道防线是紧急救援体系的建设。通过前两道防线，仍然不可能解决防震减灾中的一切问题，而地震的发生又是短暂的几秒、十几秒时间。如果地震发生在夜晚，居室里的人又很多，加上停电停水、通信中断等许多不利因素，紧急救援问题是必须采取的第三道防线。

世界上许多震例证明，紧急救援是否行动迅速，救援机械工具是否有效，是评价政府救助工作的标准。紧急救援要获得社会的基本满意度，要靠预案准备的充分，要靠临阵决策指挥的正确，要靠各种队伍的共同协作，要靠现代化技术设备的武装，更要靠平时的地震模拟演练。

除此之外，我国还通过加强地质构造研究，正确划分地震带，预测未来可能发生强震的区域；建立大地构造观测系统及数据处理中心等措施，保障人民群众的生命财产安全，最大限度减小地震的危害。

地震的防护

 我国是一个地震多发的国家，破坏性地震时有发生，对人民生命和财产安全造成严重威胁，普及地震知识，增强民众的防震减灾意识，提高抵御地震灾害的能力显得十分必要。要把防震减灾意识贯彻到日常生活中，准备必要的应急物资，设置地震应急避难场所和应急指示标牌（图5-5）。在地震发生时采取正确的防护措施，地震后及时准确地自救互救，争取把地震灾害造成的损失降到最低。

一、临震应急准备

已发布破坏性地震临震预报的地区，地方政府、企事业单位、家庭和个人都应该立即行动起来，各司其职，积极做好以下几个方面的应急工作：

1.地方政府临震应急准备

（1）备好临震急用物品：地震发生之后，食品、医药等日常生活用品的生产和供应都会受到影响，水塔、水管往往被震坏，造成供水中断。为能够度过震后初期的生活难关，临震前地方政府和家庭都应准备一定数量的食品、水和日用品，以

应急停机坪 Emergency Airfield
应急供电 Emergency Power Supply
应急物资供应 Emergency Goods Supply
应急棚宿区 Area For Makeshift Tents
应急指挥 Emergency Command
应急水井 Emergency Drinking Well
应急厕所 Emergency Toilets
应急灭火器 Emergency Fire Extinguisher
应急供水 Emergency Water Supply
应急医疗救护 Emergency Medical Treatment

▲ 图5-5　部分地震应急标志

解燃眉之急。

（2）**建立临震避难场所**：住的问题也是一件大事。地震时房舍往往被破坏，加上余震不断发生，民众需要有一个躲藏处，这就需要临时搭建防震、防火、防寒、防雨的防震棚。各种帐篷都可以利用，农村储粮的小圆仓，也是很好的抗震房。

（3）**划定疏散场所，转运危险物品**：城市人口密集，人员避震和疏散比较困难，为确保震时人员安全，震前要按街、区分布，就近划定群众避震疏散路线和场所。震前要把易燃、易爆和有毒物资及时转运到城外存放。

（4）**设置伤员急救中心**：在城内抗震能力强的场所，或在城外设置急救中心，备好床位、医疗器械、照明设备和药品等。

（5）**暂停公共活动**：得到正式临震预报通知后，各种公共场所应暂停活动，观众或顾客要有秩序地撤离；中、小学校可临时在室外上课；车站、码头可在露天候车。

（6）**组织人员撤离并转移重要财产**：如果得到正式临震警报或通知，要迅速而有秩序地动员和组织群众撤离房屋，

正在治疗的重病号要转移到安全的地方。对少数思想麻痹的人，也要动员到安全区。农村的大牲畜、拖拉机等生产资料，临震前要妥善转移到安全地带，机关、企事业单位的车辆要开出车库，停在空旷地方，以便在抗震救灾中发挥作用。

（7）**确保机要部门的安全**：城市内各种机要部门和银行较多，地震时要加强安全保卫，防止国有资产损失和机密泄漏。消防队的车辆必须出库，消防人员要整装待发，以便及时扑灭火灾，减少经济损失。

2.企事业单位临震应急准备

（1）**防止次生灾害的发生**：城市发生地震可能出现严重的次生灾害，特别是化工厂、煤气厂等易发生地震次生灾害的单位，要加强监测和管理，设专人昼夜站岗和值班。

（2）**组织抢险队伍，合理安排生产**：临震前，各级政府要就地组织好抢险救灾队伍（救人、医疗、灭火、供水、供电、通信等）。必要时，某些工厂应在防震指挥部的统一指令下暂停生产或低负荷运行。

3.家庭和个人临震应急准备

在已发布地震预报地区的居民须做

好家庭防震准备，制订一个家庭防震计划，检查并及时消除家里不利防震的隐患。

（1）**检查和加固住房**：对不利于抗震的房屋要加固，不宜加固的危房要撤离。对于笨重的房屋装饰物，如女儿墙、高门脸等应拆掉。

（2）**合理放置家具、物品**：固定好高大家具，防止倾倒砸人，牢固的家具下面要腾空，以备震时藏身；家具物品摆放做到"重在下，轻在上"，墙上的悬挂物要取下来呈固定位，防止掉下来伤人；清理好杂物，让门口、楼道畅通；阳台护墙要清理，拿掉花盆、杂物；易燃易爆和有毒物品要放在安全的地方。

（3）**准备好必要的防震物品**：准备一个包括食品、水、应急灯、简单药品、绳索、收音机等在内的家庭防震包（图5-6），放在便于取到的地方。

（4）**进行家庭防震演练**：进行紧急撤离与疏散练习以及"一分钟紧急避险"练习。

（5）**建立平时邻里互助的协作制度**：发生大地震后，会在很大区域内造成严重灾害，在这种情况下，消防车、救护车不可能随时到达，所以，有必要从平时起通过街道等组织当地居民进行交流，建立起应对有关地震、火灾和救助伤员等互助协作体制。

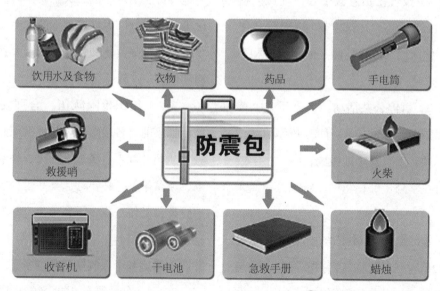

▲ 图5-6　防震包示意图

二、震时个人防护

地震发生时应沉着应对，立即采取行动避震。假如你的行为镇定自若，就会获得安全，躲过灾难。据对唐山地震中874位幸存者的调查，其中有258人采取了应急避震措施，188人安全脱险，成功者约占采取避震行动者的72%。

大震的预警现象、预警时间和避震空间的存在是人们震时能够自救求生的客观基础，只要掌握一定的避震知识，事先有了一定的准备，震时又能利用预警现象，抓住预警时间，选择正确的避震方式和避震空间，就有生存的希望。

预警现象：预警现象主要包括地面的颤动、建筑物的晃动、强烈而怪异的地声、明亮而恐怖的地光等。

预警时间：可以逃生的时间。从感觉到地动到房屋倒塌，有大约十几秒的时间，只要你事先有准备，就可能利用这宝贵的十几秒钟逃离险境，转危为安、化险为夷。

避震空间：废墟中可能存在的藏身的空间。不要以为房屋倒塌就是死路一条，室内有家具、物品等的支撑，废墟中总会留下一定的生存空间。

当地震发生时，人员疏散应该躲开高大建筑物、窄小胡同、高压线、变压器、陡山坡、河岸边等危险地区。

如果你在室内，应就近躲到坚实的家具边，如写字台、结实的床、农村土炕的炕沿边，也可躲到墙角或管道多、整体性好的小跨度卫生间和厨房等处。注意不要躲到外墙窗下、阳台上、电梯间，更不要跳楼。

如果你在教室里，要在教师指挥下迅速抱头、闭眼、蹲到各自的课桌下。地震一停，迅速有序地撤离，撤离时千万不要拥挤。

如果你在影剧院、体育场或饭店，要迅速抱头卧倒在座位下面；也可在舞台或乐池下躲避；门口的观众可迅速跑出门外或到体育场场内。

如果你在室外，要尽量远离狭窄街道、高大建筑、高大的烟囱、变压器、玻璃幕墙建筑、高架桥和存有危险品、易燃品的场院所。地震停下后，为防止余震伤人，不要轻易跑回未倒塌的建筑物内。

如果你在百货商场，应就近躲藏在商场内的柱子或大型商品旁，但要尽量避开玻璃柜。在楼上时，要看准机会逐步向底层转移。

如果你在工厂的车间里，应就近蹲在大型机床或设备旁边，但要注意离开电源、气源、火源等危险地点。

——地学知识窗——

地震逃生十要点

1.躲在桌子等坚固家具的下面；

2.摇晃时立即关火，失火时立即灭火；

3.不要慌张地向户外跑；

4.将门打开，确保出口；

5.户外的场合，要保护好头部，避开危险之处；

6.在商场、剧场时听从工作人员的指挥；

7.汽车靠路边停车，管制区域禁止行驶；

8.务必注意山崩、断崖落石或海啸；

9.避难时要徒步，携带物品应在最少限度；

10.不要听信谣言，不要轻举妄动。

如果你在行驶的汽车、电车或火车内，应抓牢扶手，以免摔伤、碰伤，同时要注意防止行李掉落伤人。座位上面朝行李方向的人，可用胳膊靠在前排椅子上护住头面部；背向行李方向的人可用双手护住后脑，并抬膝护腹，紧缩身体。地震后

迅速下车向开阔地转移。

无论在何处躲避，都要尽量用棉被、枕头、书包或其他柔软物体保护头部，如果正在使用明火，应迅速把火熄灭。

三、震后自救互救

1.地震发生后应当采取哪些自救措施

大地震中被倒塌建筑物压埋的人，只要神志清醒，身体没有重大创伤，都应该坚定获救的信心，妥善保护好自己，积极实施自救。

（1）要尽量用湿毛巾、衣物或其他布料捂住口、鼻和头部，防止灰尘呛闷发生窒息，也可以避免建筑物进一步倒塌造成的伤害。

（2）尽量活动手、脚，清除脸上的灰土和压在身上的物体。

（3）用周围可以挪动的物品支撑身体上方的重物，避免进一步塌落；扩大活动空间，保持足够的空气。

（4）几个人同时被埋时，要互相鼓励，共同计划，团结配合，必要时果断采取脱险行动。

（5）寻找和开辟通道，设法脱离险境，朝着有光亮的地方或更安全宽敞的地方移动。

（6）一时无法脱险，要尽量节省力

气。如能找到代用品和水，要计划着节约使用，尽量延长生存时间，等待救援。

（7）保存体力，不要盲目大声呼救。在周围十分安静，或听到上面（外面）有人活动时，用砖、铁管等物品敲打墙壁，向外界传递信号。当确定不远处有人时再呼救。

2. 地震发生后应当遵循哪些互救原则

（1）先救压埋人员多的地方，也就是"先多后少"。

（2）先救近处被压埋的人员，也就是"先近后远"。

（3）先救容易被救出的人员，也就是"先易后难"。

（4）先救出轻伤员和身体强壮的人员，扩大营救队伍，也就是"先轻后重"。

（5）如果有医护人员被压，应优先营救，增加抢救力量。

——地学知识窗——

海啸逃生要点

1.如果你感觉到较强的震动，不要靠近海边、江河的入海口。如果听到有关附近地震的报告，要做好防海啸的准备，注意电视和广播新闻。要记住，海啸有时会在地震发生几小时后到达离震源上千公里远的地方。

2.如果发现潮汐突然反常涨落，海平面显著下降或者有巨浪袭来，都应以最快速度撤离岸边。

3.海啸发生前，海水异常退去时往往会把鱼虾等许多海生动物留在浅滩，场面蔚为壮观。此时千万不要前去捡鱼或看热闹，应当迅速离开海岸，向内陆高处转移。

4.发生海啸时，航行在海上的船只不可以回港或靠岸，应该马上驶向深海区，深海区相对于海岸更为安全。

5.每个人都应该有一个急救包，里面应该有足够72小时用的药物、饮用水和其他必需品。这一点适用于海啸、地震和一切突发灾害。

参考文献

[1] 何永年, 邹文卫, 洪银屏. 当大地发怒的时候[M]. 北京: 科学普及出版社, 2012.

[2] 周波, 邢佑宏. 地震预报的几种方法探讨[J]. 科技信息, 2010, 35: 483, 504.

[3] 邢永强. 地震预报方法研究[J]. 安徽农业科学, 2006, 36(29): 12 845~12 846, 12 893.

[4] 吴中海, 赵根模. 地震预报现状及相关问题综述[J]. 地质通报, 2013, 32(10): 1 493~1 512.

[5] 潘成德. 山东地震活动特征浅析[J]. 华北地震科学, 1985, 3(4): 86~92.

[6] 季同仁, 季爱东. 山东历史地震震害特点之研究[J]. 山西地震, 1994, 3: 55~57.

[7] 吴佳翼, 何淑韵, 章淮鲁. 全球地震活动性的定量研究[J]. 地震学报, 1998.10(3): 225~235.

[8] A.Peresan, V.G. Kossobokov, G.F. Panza, 可操作的地震预报/预测[J]. 2013, (2): 1~7.